国家重点研发计划项目课题（2018YFC0604701）
国家自然科学基金项目（51974294）
江苏省自然科学基金项目（BK20181358）
江苏省研究生科研与实践创新计划项目（KYCX19_2131）

深井分选硐室群
围岩稳定控制机理与采-充空间优化布局研究

袁永 朱成／著

中国矿业大学出版社
·徐州·

内 容 简 介

本书采用理论分析、实验室实验、数值模拟和现场实测相结合的研究方法,分析了井下分选硐室围岩变形破坏特征及影响因素,阐明了分选硐室群优化布置方式与紧凑型布局方法,剖析了分选硐室群围岩损伤规律与控制对策,探究了采-充空间布置参数与工艺参数的动态调整方法,提出了满足不同工程需求的采-充空间优化布局策略,探讨了采-选-充空间优化布局决策方法。研究成果可为深井分选硐室群围岩长时稳定控制、采-充空间合理布局与动态调整提供理论基础和参考借鉴。

本书可供采矿工程及相关专业的科研与工程技术人员参考。

图书在版编目(C I P)数据

深井分选硐室群围岩稳定控制机理与采-充空间优化

布局研究/袁永,朱成著.—徐州:中国矿业大学出

版社,2022.1

ISBN 978 - 7 - 5646 - 5270 - 8

Ⅰ. ①深… Ⅱ. ①袁… ②朱… Ⅲ. ①深井—硐室—

围岩控制—研究 Ⅳ. ①TD264

中国版本图书馆 CIP 数据核字(2021)第 252972 号

书　　名	深井分选硐室群围岩稳定控制机理与采-充空间优化布局研究	
著　　者	袁 永 朱 成	
责任编辑	王美柱	
出版发行	中国矿业大学出版社有限责任公司	
	(江苏省徐州市解放南路　邮编 221008)	
营销热线	(0516)83884103　83885105	
出版服务	(0516)83995789　83884920	
网　　址	http://www.cumtp.com　**E-mail**:cumtpvip@cumtp.com	
印　　刷	徐州中矿大印发科技有限公司	
开　　本	787 mm×1092 mm　1/16　**印张** 10.5　**字数** 262 千字	
版次印次	2022 年 1 月第 1 版　　2022 年 1 月第 1 次印刷	
定　　价	45.00 元	

(图书出现印装质量问题,本社负责调换)

前　　言

深井开采面临产矸率增加、提升效率降低、采场与巷硐围岩控制难度加大等一系列难题,井下采选充一体化技术是解决上述问题的有效途径。实现深井井下分选硐室群围岩稳定控制与采-充空间优化布局不仅可确保井下采选充系统高效协调配合,也能够有效提升矿井灾害防控能力。为此,本书采用理论分析、实验室实验、数值模拟和现场实测相结合的研究方法,分析了井下分选硐室围岩变形破坏特征及影响因素,阐明了分选硐室群优化布置方式与紧凑型布局方法,剖析了分选硐室群围岩损伤规律与控制对策,探究了采-充空间布置参数与工艺参数的动态调整方法,提出了满足不同工程需求的采-充空间优化布局策略,探讨了采-选-充空间优化布局决策方法。研究成果可为深井井下分选硐室群围岩长时稳定控制、采-充空间合理布局与动态调整提供理论基础和参考借鉴。研究主要取得了以下创新性成果:

(1) 基于井下分选硐室结构特征,建立了其围岩稳定性分析力学模型,研究了随不同影响因素变化围岩变形破坏的响应特征。通过调研国内多个采选充一体化矿井,明确了现阶段井下分选工艺的主要优缺点、适用条件及设备配置要求,归纳总结了井下分选硐室的主要结构特征,分别建立了分选硐室顶板变截面简支梁、帮部柱体以及底板外伸梁力学模型,分析了围岩变形破坏特征及主要影响因素;采用控制变量法研究了随各影响因素变化围岩变形破坏的响应特征,解析了井下分选硐室优化布置与围岩控制方法。

(2) 阐明了井下分选硐室群优化布置方式与紧凑型布局方法,剖析了分选硐室群围岩损伤规律与控制对策。研究了断面形状、尺寸效应以及开挖方式对分选硐室群围岩稳定性的影响,揭示了分选硐室群基于软弱岩层厚度及层位变化的合理布置方式,确定了不同类型地应力场中分选硐室群的最佳布置方式,探讨了分选硐室群紧凑型布局原则与方法,提出了分选硐室群围岩"三壳"协同支护技术,揭示了高地应力与采动应力、振动载荷、冲击载荷耦合影响下分选硐室群围岩损伤规律,剖析了分选硐室群全服务周期内围岩加固对策。

(3) 探究了采-充空间布置参数与工艺参数的动态调整方法,提出了满足不同工程需求的采-充空间优化布局策略。探讨了深部采选充一体化矿井适用的采-充空间布局方法,分析了影响采-充空间布局的主要因素,基于开发的德尔菲-层次分析法确定了各影响因素的权重;根据采充协调要求和"以采定充""以充定采"两类限定条件,探究了采-充空间布置参数与工艺参数的合理匹配关系及动态调整方法,分别提出适用于地表沉陷控制、冲击地压防治、沿空留巷、瓦斯防治、保水开采五种工程需求的采-充空间优化布局策略。

(4) 分析了采-选-充空间布局互馈联动规律,探讨了深井采-选-充空间优化布局决策方法。基于安全高效绿色开采要求,分析了采-选-充空间布局的互馈联动规律;基于"以采定充"和"以充定采"两类限定条件,分别提出了采-选-充空间优化布局原则,探讨了采-选-充空间优化布局决策方法;以新巨龙煤矿为具体工程背景,对矿井采-选-充空间布局方案进行了规划设计。

由于笔者水平所限,书中难免存在疏漏和欠妥之处,恳请专家、学者不吝批评和赐教。

著　者

2021 年 7 月

目　录

1 绪 论

1.1 研究背景与意义

我国煤炭资源储量丰富,自然资源部统计数据显示[1],截至 2019 年我国煤炭探明储量为 17 588 亿 t 左右,约占全球总量的 14%,位列世界第三。同时,BP 发布的《世界能源统计年鉴 2020》数据显示,2019 年全球煤炭产量为 81.29 亿 t,我国以年产量 38.46 亿 t 位居榜首,占全球总产量的 47.3%,比上年提高 1.6 个百分点,达到储量占比的 3 倍以上。上述数据表明,我国的煤炭需求和煤炭企业的同步增产将给煤炭市场的可持续供应带来巨大挑战[2]。

近年来,伴随能源供给侧结构性改革,煤炭在我国一次能源消费结构中占比已逐年降低,如图 1-1(a)所示。2018 年,煤炭在我国一次能源消费结构中占比首次低于 60%,虽然降幅明显,但由于我国一直处于"相对富煤、贫油、少气、缺铀"的能源现状,可以预见在未来相当长一段时间内煤炭作为我国主体能源的地位不会改变[2]。近年来,伴随采煤方法发展和综采装备水平提高,我国矿井的开采强度不断加大,平均开采深度以 8~12 m/a 的速度增加,中东部矿区更是达到了 10~25 m/a[3-4]。目前,中东部矿区浅部煤炭资源已基本开采完毕,新汶、淄博、肥城、兖州、平顶山、徐州、开滦、淮南等矿区的开采深度均已超千米,其中新汶孙村煤矿开采深度已突破 1 500 m。据最新统计,我国埋深超过 1 000 m 的煤炭资源储量约为 2.97×10^{12} t,占煤炭资源总储量的 53.3%,如图 1-1(b)所示,可以预见未来深部开采将成为我国煤炭工业发展和资源开发的新常态[5-6]。

不同产煤国家在煤层赋存条件、采掘装备水平和开采技术方面存在显著差异,在深部开采过程中面临的主要问题也各不相同,目前国际上尚无统一和公认的煤矿深部开采定量标准。采矿业发达的南非、德国、加拿大将煤矿深部开采的起点定义为 800~1 200 m,开采深度超过 1 200 m 时称为超深开采;英国和波兰将煤矿深部开采的起点定义为 750 m;俄罗斯和日本将煤矿深部开采的起点定义为 600 m[7]。根据地质力学环境、开采技术与装备水平、矿压显现特点等因素,我国一般按开采深度将矿井划分为表 1-1 所示的 4 种类型。

表 1-1 我国按开采深度对矿井的分类

矿井类别	浅矿井	中深矿井	深矿井	特深矿井
采深 H/m	$H < 400$	$400 \leqslant H < 800$	$800 \leqslant H < 1\ 200$	$H \geqslant 1\ 200$

深部开采处于"四高一扰动"(高应力、高地温、高岩溶水压、高瓦斯及强开采扰动)复杂环境[8],面临矿井开拓与生产系统布置复杂、产矸率增加、提升效率降低、巷硐与采场围岩突

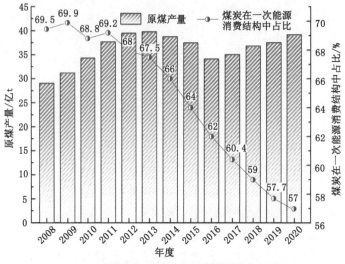

（a）原煤产量及其在一次能源消费结构中占比

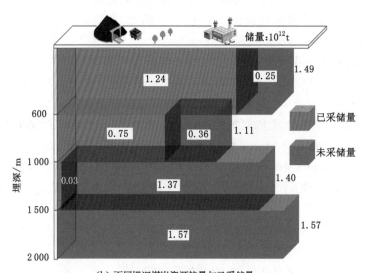

（b）不同埋深煤炭资源储量与已采储量

图 1-1 我国煤炭资源开采现状

变、煤与瓦斯突出威胁加剧等难题,同时原煤矸石井上分选与地面排放、地表沉降及生态环境破坏等问题严重制约矿井高效绿色开采与矿区环境协调发展[9]。基于资源节约与环境友好的绿色开采理念,许多深井均在积极探索既能实现安全高效开采,又可保护地表环境与建筑物的绿色开采方法,井下采选充一体化技术就是解决上述问题的一种有效途径[9-11],其技术示意如图 1-2 所示。

与传统矸石充填技术相比,井下采选充一体化技术实现了矸石不升井,取消了地面运输和垂直投料系统,在井下将煤炭开采、煤矸分选、矸石充填有机结合,构建了采煤→分选→充填→采煤的循环闭合开采体系,在岩层运动控制与潜在灾变防控、矸石等固体废弃物处理、煤炭资源采出率提升、地表沉陷控制与生态环境保护等方面均具有显著优势,具有广阔的发

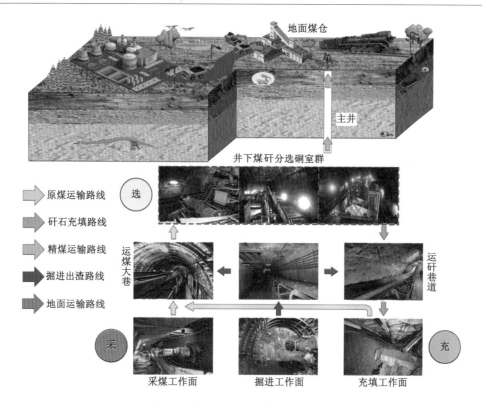

图 1-2 井下采选充一体化技术示意

展前景,已成为深部煤炭资源安全高效绿色开采的重要途径和研究热点[12-15]。

井下采选充一体化系统涵盖六个子系统,即煤炭开采系统、原煤运输系统、分选系统、精煤运输系统、矸石运输充填系统和辅助系统,见图 1-3。煤炭开采系统与矸石运输充填系统的位置随采掘接替与充填需求动态变化;分选系统位于原煤运输路线聚合点的下游,其空间位置相对固定。确保采煤、分选、充填空间布局合理,各子系统相互协调、总体优化是充分发挥井下采选充一体化技术优势的前提[16-17]。

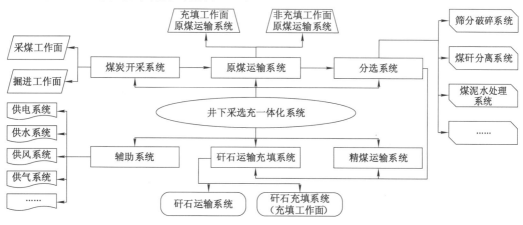

图 1-3 井下采选充一体化系统构成

（1）煤炭开采系统布局是否合理直接影响矿井原煤生产能力。应当基于矿井设计产能、采掘接替计划、煤层赋存条件、采煤工艺、矿井地质条件及回采巷道布置方式,前瞻性规划采煤工作面位置。采掘工作面位置的动态变化,直接影响原煤运输系统、分选系统、精煤运输系统、矸石运输充填系统以及辅助系统的运转。

（2）原煤运输系统包括采煤工作面原煤运输系统与充填工作面原煤运输系统,直接将煤炭开采系统、矸石运输充填系统与分选系统联系起来,是井下采选充一体化系统的重要组成部分。原煤运输系统的特点是运量大、路线复杂、至分选系统运距长短不一,原煤运输路线应满足合理流畅、不迂回、不与矸石及精煤运输系统相互干扰的要求[18]。

（3）分选系统具体包含配套分选设备与分选硐室群。分选硐室群的断面尺寸普遍较大,受深部开采"四高一扰动"影响,面临围岩变形量大、支护结构易失稳等难题,因此围岩长时稳定控制是分选硐室群优化布局的重要参考因素[19]。分选系统空间布局的基本原则如下:① 根据矿井设计产能、原煤含矸率、矸石充填需求、设计选煤能力与块度要求、设备采购及运行成本等因素,选择适合的分选工艺;② 确保分选系统与原煤运输系统、矸石运输充填系统衔接配套,避免分选能力过弱造成原煤运输停滞,或分选能力过强导致矸石积压;③ 基于配套分选设备的数量、尺寸与流线化布局,确定分选硐室群内各巷硐的空间尺寸与结构布局;④ 分选硐室群应尽量布置于强度较高、性质稳定、地质构造较少的岩层内,并远离采动影响区;⑤ 分选硐室群的位置不仅需要有利于原煤入选(从带式输送机上获取原煤)、精煤回流(将分选后的精煤再次转运至带式输送机)、矸石排运、设备进出、通风回流,还应尽量靠近原煤运输路线聚合点及充填工作面,以降低煤矸运输成本;⑥ 分选硐室群应遵循紧凑型布置原则,削弱与矿井其他生产活动的交互影响、减少压煤、降低掘巷工程量,从而实现煤矸高效分选。

（4）精煤运输系统路线为分选硐室群→精煤排运巷道→水平运输大巷→主井井底煤仓→井筒→地面,应着力避免精煤与原煤、矸石混流而降低煤矸分选效果。

（5）矸石运输充填系统可划分为矸石运输系统与矸石充填系统。其中,矸石运输系统可进一步划分为掘进工作面矸石运输系统与分选矸石运输系统,当在高瓦斯煤层邻近岩层内布置卸压工作面时,还应考虑卸压工作面的矸石运输系统。同样,应着力避免矸石运输系统与原煤、精煤运输系统产生交互影响。矸石充填系统即充填工作面,具体涵盖充填设备、充填工艺、充填方法及充填参数等内容。矸石运输充填系统直接实现采选充一体化矿井的矸石就地充填需求,由于伴生矸石量仅占原煤产量的 $15\% \sim 20\%$ [20-21],无法满足全部采空区的充填需求,因此应当基于实际开采条件与工程充填需求(岩层控制、冲击地压防治、沿空留巷、瓦斯防治、保水开采)科学确定充填工作面位置。

（6）辅助系统直接满足煤炭开采系统、原煤运输系统、分选系统、矸石运输充填系统和精煤运输系统的供水、供电、供风、供气及排水等需求,是深部采选充一体化矿井安全高效开采的重要保证。

现阶段,针对井下采选充一体化技术的研究主要集中于井下分选关键设备的改进与研发[22-23]、分选系统设计与分选工艺优化[24-25]、分选设备选型与配套关系[26-27]、岩层运移规律与控制方法[28-31]、灾害防控与充填策略[20,32-33]、地表沉陷规律与控制对策[12,34]、充填矸石压实特性[35-38]等方面,而有关井下分选硐室群围岩长时稳定控制与采-充空间优化布局方面的研究较少,亟待开展相关研究:

（1）基于井下分选硐室结构特征，建立围岩稳定性分析力学模型，揭示不同因素影响下分选硐室围岩的变形破坏规律。分选硐室是井下分选硐室群内的主要功能硐室，为满足分选及配套设备的安置、使用、维护与流线化布局要求，其结构特征与井下巷道及传统硐室均存在显著区别。由于分选硐室围岩稳定性直接影响井下分选系统高效运转，为此，应基于分选硐室结构特征建立相关围岩力学模型，分析其围岩的变形破坏特征及主要影响因素，揭示随各影响因素变化其围岩变形破坏的响应特征，进而提出分选硐室优化布置与围岩控制策略。

（2）探讨分选硐室群优化布置方式，提出分选硐室群紧凑型布局方法。优化布置分选硐室群不仅可提高围岩整体稳定性、降低围岩控制难度及煤矸运输成本，也有利于原煤入选、精煤回流、矸石排运及设备进出。同时，为确保井下分选系统高效运行，一般将分选系统内各子系统（如筛分破碎系统、煤矸分选系统、煤泥水处理系统）分别布置于不同的巷道及硐室中，若各子系统的空间位置过于分散，不仅管理不便、易与矿井其他生产活动产生交互干扰，也会增大压煤量与掘巷工程量、影响采-充空间布局，因此应开展分选硐室群紧凑型布局方法研究。

（3）基于分选硐室群布置期间围岩变形破坏的演化规律，开发相关围岩支护技术，揭示分选硐室群全服务周期内动静载耦合下围岩的损伤规律，提出相应围岩控制对策。分选硐室群内各巷硐断面尺寸及轴向长度普遍较大，并且布置密集，受深部开采"四高一扰动"影响，围岩变形量大、支护结构易失稳问题突出，为此，应结合分选硐室群布置期间围岩变形破坏的演化规律开发相关支护技术，从而对围岩进行有效支护以利于长时稳定控制。同时，考虑分选硐室群全服务周期内面临高地应力与采动应力、振动载荷、冲击载荷的耦合影响，因此有必要开展动静载耦合影响下围岩损伤规律相关研究，进而提出相应的围岩控制对策。

（4）探究采-充空间布置参数与工艺参数动态调整策略，提出满足不同工程需求的采-充空间优化布局方法。分析深部采选充一体化矿井适用的采-充空间布局方法，分析影响采-充空间布局的主要因素并确定各影响因素权重；基于采充协调和"以采定充""以充定采"两类限定条件，探究采-充空间布置参数与工艺参数的动态调整策略，提出满足不同工程需求（地表沉陷控制、冲击地压防治、沿空留巷、瓦斯防治、保水开采）的采-充空间优化布局方法。这对于指导深部采选充一体化矿井采-充空间布局具有重要意义。

（5）分析采-选-充空间布局的互馈联动规律，探讨深井井下采-选-充空间优化布局决策方法。研究深部采选充一体化矿井内采-选-充闭环系统在空间布局方面的互馈联动规律，探讨采-选-充空间优化布局原则，探讨采-选-充空间优化布局决策方法，可为深部采选充一体化矿井内采-选-充空间优化布局与动态调整提供依据和借鉴。

为此，本书开展深井分选硐室群围岩稳定控制机理与采-充空间优化布局相关研究，研究成果对于指导深部采选充一体化矿井内分选硐室群围岩长时稳定控制，实现采-选-充空间优化布局，完善采选充一体化技术均具有积极意义。

1.2 国内外研究现状

1.2.1 井下采选充一体化技术研究

井下采选充一体化技术将煤炭开采、煤矸分选、矸石充填三个部分有机结合起来，开采原煤直接运送至井下分选系统进行排矸,分选矸石经破碎处理后直接运至采空区进行充填,在井下构建采煤→分选→充填→采煤的循环闭合开采体系,是深井实现安全高效开采与环境协调发展的有效途径[16,24]。

现阶段,众多专家学者针对井下采选充一体化技术开展了广泛研究:张吉雄等[6]结合深部煤炭资源开采面临的挑战与绿色开采发展趋势,提出了"采选充+X(控、留、抽、防、保)"绿色开采理念,指出了5种"采选充+X"技术对应的技术原理、工程需求、设计流程与方法、关键技术及工艺装备,形成了较为完备的充填开采岩层控制理论与技术体系;屠世浩等[39]基于安全高效开采原则,提出了针对"采选充+X"一体化矿井的选择性开采技术理论构想,构建了矿井回采技术选择的技术体系,开发了开采技术优化和复杂系统多维度协同辅助决策系统;杨胜利等[40]建立了井下采选充物流系统模型及节点选址决策模型,研究了采选充生产系统煤矸物流的运行特征及互馈联动关系,实现了复杂因素作用下的物流系统节点自动选址;何琪[18]阐述了井下采选充一体化技术的内涵,研究了采选充一体化技术的系统布置与工艺设计。

目前,"采选充+X"绿色化开采技术已在国内多个矿区得到推广应用:开滦集团唐山煤矿应用"采选充+控"开采技术将采区采出率提高了40%以上,实测地表最大下沉量控制在I级变形范围内,延长了矿井服务年限;新汶矿业集团翟镇煤矿应用"采选充+留"生产模式,井下排矸能力为0.56 Mt/a,煤矸分选效率达99%,通过在充填工作面实施矸石袋垒砌矸石墙的充填沿空留巷技术,实现了无煤柱充填开采;平煤集团十二矿应用"采选充+抽"开采模式,井下排矸能力为0.32 Mt/a,保护层工作面高含矸率原煤经分选后矸石直接充填至被保护层工作面采空区,通过在保护层、被保护层中布置立体瓦斯抽采系统,瓦斯压力降幅达80%,瓦斯抽采率达66%,实现了低透气性高瓦斯煤层煤与瓦斯安全高效共采。

1.2.2 井下分选技术与分选硐室群优化布局研究

井下煤矸分选是为了适应矸石充填采煤技术发展而兴起的一个选煤技术发展方向,其目的是在井下实现煤矸分离,分选矸石就地充填,精煤、洗混煤提升出井直接作为产品或再次进行井上分选,从而提高矿井的提升效率、减少无效运输带来的能耗和设备劳损、保护地表环境[22]。实现井下分选的前提是分选技术与设备必须适应空间狭小、安全性高及狭长式布置的要求,并且设备的分选能力应与原煤生产能力相适应,可保障矿井连续开采。目前,井下常用的分选方法主要有重介浅槽分选、动筛跳汰分选、TDS智能干选(X射线分选)、选择性破碎分选[22,41],见图1-4。此外,也有少数矿井应用空气重介流化床工艺、空气脉动跳汰工艺、重介旋流工艺及水介旋流工艺进行井下分选。浮选工艺由于主要用于分选粒度小于0.5 mm的细粒级煤泥,并不适用于井下分选[42]。表1-2详细列举了各井下分选方法的主要优缺点。

(a)重介浅槽分选　　　　　(b)动筛跳汰分选　　　　　(c)TDS智能干选

图1-4　井下常用分选方法

表 1-2 井下分选方法优缺点对比

分选方法	分选粒度/mm	关键分选设备	优 点	缺 点
重介浅槽分选	13～300	重介浅槽分选机、破碎机、脱介筛	分选效率可达 98% 以上、处理能力可达 800 t/h	设备多、工艺复杂、占用空间大、采购及生产成本高
动筛跳汰分选	25～400	跳汰机、分选机、破碎机	工艺系统简单、用水量少、设备分选效率为 90%～95%	设备高大布置困难、故障率高、矸石带含煤率高
X 射线分选	25～300	智能干选机、分级筛、除尘器	节水、系统简单、分选粒度范围宽、安全性高、运行成本低	仅适用于块煤分选、细颗粒物料难以精确分离
选择性破碎分选	50～300	破碎机、分级筛、选择性破碎机	节水、系统与工艺布置简单	适用范围有限、对细粒煤及末煤无分选作用
空气重介流化床分选	6～100	分级筛、分选机、干式磁选机、鼓风机、除尘器	节水、分选精度高、分选密度范围宽、无环境污染、投资少	对细粒煤分选精度差、入料要求较高
空气脉动跳汰分选	0.5～200	空气脉动跳汰机、分级筛、鼓风机	投资及分选成本低、分选密度易控制、分选粒度范围较大	需水量大、煤泥水处理负荷大、易损失粉煤、分选效率不稳定
重介旋流分选	0～200	分级筛、重介旋流器、脱介筛	分选精度高、对煤质适用性强	占地面积大、设备投入多、重介质回收与净化工艺复杂
水介旋流分选	0～50	分级筛、水介旋流器、脱水筛	系统简单、生产成本低	分选效率低、精度低

不同矿井的实际生产条件差异显著,为确保井下分选效果显著、经济合理,矿井选择井下分选方法时应考虑以下内容[32]:(1) 分析原煤的硬度、密度、粒度范围等基本物理力学性质;(2) 根据煤炭可选性评定方法,判断原煤的可选性(易选、中等可选、较难选、难选和极难选);(3) 明确矿井矸石充填目的,基于原煤生产能力、含矸率以及矸石充填需求,综合确定分选系统生产能力,确保分选能力与充填能力相匹配;(4) 根据煤质特点及用户需求等情况,结合分选能力,确定最优入选粒度范围;(5) 根据原煤可选性、入选粒度选择合理的分选工艺,确保井下分选操作简单、经济合理、安全性高,同时需要考虑后期煤质与市场变化情况;(6) 综合考虑煤质特点、原煤可选性、分选能力、分选指标及分选工艺优缺点,确定适合矿井的分选工艺。表 1-3 列举了我国部分煤矿井下分选技术的实际应用情况。

表 1-3 我国部分煤矿井下分选技术的实际应用情况

矿井名称	实施原因	分选方法	分选能力/(Mt/a)	实施效果
枣矿滨湖煤矿	薄煤层夹矸、提升煤质	X 射线分选	0.13	增强主井提升能力
临矿王楼煤矿	提升煤质	X 射线分选	0.22	新增经济效益 1 100 万元/a

表 1-3(续)

矿井名称	实施原因	分选方法	分选能力/(Mt/a)	实施效果
肥矿梁宝寺煤矿	矸石不升井	X 射线分选	0.11	综合排矸率可达 80% 以上
冀中能源邢东煤矿	矸石占地	柔性空气室跳汰分选	0.05	清除地表矸石山
新汶协庄煤矿	生产环节多、含矸率高	动筛跳汰分选	0.18	减少地表矸石占地 4 667 m²
开滦唐山煤矿	提升煤质、降低充填开采成本	动筛跳汰分选	0.13	原煤含矸率降低 1.74%，灰分降低 1.24%
内蒙古李家塔煤矿	矸石置换煤	动筛跳汰分选	0.24	降低 10% 运输提升费用，置换呆滞煤量 25.6 万 t/a
新汶翟镇煤矿	矸石不升井、提升煤质	重介浅槽分选	0.56	矸石回填、煤质提升
新汶新巨龙煤矿	矸石占地、地表塌陷	重介浅槽分选	0.60	解决了采空区地表塌陷及矸石升井的污染问题
新汶济阳煤矿	矸石占地、地表塌陷	重介浅槽分选	0.30	减少费用 1 574 万元/a
平煤集团十二矿	千米深井辅助运输	重介浅槽分选	0.32	缓解主运输系统提升压力、原煤灰分降至 25%
山东良庄矿业有限公司	薄煤层夹矸	旋转冲击式分选	0.05	分离物中含煤率≤5%，矸石回收率≥70%
龙煤益新煤矿	缓解主运输系统压力	重力分选	0.07	提升运输效率、增加经济效益 315 万元/a

　　现阶段，井下分选主要面临以下技术难题[22,41,43]：(1)关键设备的改进与研发。空间狭小是井下分选面临的首要难题，当前井下分选设备结构不够紧凑、体积庞大，需要着力对现有分选设备进行结构改进与性能优化。(2)生产安全。分选设备运转时伴有振动、发热现象，存在产生电火花的风险，威胁矿井(尤其是高瓦斯、煤与瓦斯突出矿井)生产安全。(3)分选设备的自动化与智能化。实现分选设备的自动化与智能化，不仅可提高精煤回收率、减少人员投入、增加经济效益、减少资源损失，也有利于井下管理及安全生产。(4)使用合理材料。井下生产条件恶劣，采用普通钢铁材料制造的分选设备在潮湿环境内易锈蚀，难以维持长时间最佳工况，同时，为减少井下占用空间，分选设备紧凑布置也对制造材料的强度提出更高要求。(5)矿井适应性。在井下分选系统规划设计之初，应对矿井开采条件、井下空间、原煤煤质、可利用的现有设备及分选需求等情况进行详细调研，选择适宜的井下分选工艺及其配套设备，设计最合理的分选流程，减少后期改造工作量。(6)煤泥水处理和粉尘处理。采用湿法选煤工艺时，煤泥水自然沉降速度慢，并需要较为宽阔的沉降面积；采用干法选煤工艺时会产生粉尘，若粉尘达到一定浓度，则不仅会威胁作业人员健康、存在爆炸风险，还会缩短机电设备的使用寿命。(7)采选充一体化协调。采选充各系统间存在联动

互馈影响,各系统高效协调配合是深部采选充一体化矿井安全高效开采的重要保证。

井下分选硐室群布局具体涵盖分选硐室群在矿井内的整体布局以及分选硐室群内部各巷硐的空间布局两方面内容。张吉雄等[32]指出,井下分选硐室群应尽可能靠近采煤、充填空间布置,避免煤矸在井下长距离折返运输,从而达到就近分选的目的,实现煤矸高效分离,为采空区充填提供物料保障;张信龙等[44]提出井下分选硐室群布局需着重考虑远离开采区域、减小压煤量、便于与矿井其他系统联系、降低与矿井其他生产活动的交互影响等因素;马占国等[45]分析了井下分选硐室群的主要巷硐构成,提出分选硐室群可布置于井底车场或矿井主采区附近,各巷硐可依据煤流方向自上而下布置;刘学生等[19]研究了分选硐室群内邻近硐室开挖对围岩应力场、位移场及裂隙场的影响,提出井下分选硐室群呈"品"字形布置最有利于围岩稳定;袁超峰[46]分析认为分选硐室群内部巷硐垂直相交最有利于交岔点围岩稳定;朱成等[47]认为布置井下分选硐室群时应当充分重视水平应力的影响,并确定了不同类型地应力场中巷硐的最佳布置方式。

1.2.3 深井大断面密集硐室群围岩控制技术研究

受深部开采"四高一扰动"及岩体强流变、大变形力学特性共同影响,深井大断面密集硐室群普遍面临顶板下沉与冒落、边墙收缩、底鼓、支护结构失效等难题[48-49],不仅无法保证内部安置设备的正常使用,也严重威胁矿井的生产安全。表 1-4 统计了我国部分深井大断面密集硐室群围岩的失稳破坏情况。

表 1-4 我国部分深井大断面密集硐室群围岩失稳破坏情况统计

矿井名称	位置	硐室群类型	失稳类型	埋深/m	失稳原因
磁西一号矿	河北邯郸	箕斗装载硐室	顶板冒落、片帮	820	岩体松散、易膨胀
车集煤矿	河南永城	水泵房	围岩变形、破碎	850	围岩遇水软化
潘一煤矿	安徽淮南	水泵房	围岩破碎	850	施工扰动
赵楼煤矿	山东郓城	水泵房	喷层开裂、脱落	860	围岩遇水软化
朱集煤矿	安徽淮南	副井马头门	围岩变形	906	软岩
谢桥煤矿	安徽颍上	副井马头门	底鼓	920	断层构造带、软岩
唐山煤矿	河北唐山	水泵房	片帮、底鼓	950	高地应力、软岩
新河煤矿	山东济宁	制冷硐室	围岩收敛变形	980	高地应力、软岩
孔庄煤矿	江苏沛县	水泵房	围岩收敛变形	1 015	高地应力
邢东煤矿	河北邢台	水泵房、变电所	围岩变形、破碎	1 200	采动影响、软岩

针对深井大断面密集硐室群围岩控制难题,众多专家学者基于深部岩体的变形破坏机理,提出了一系列围岩控制对策与支护技术,指导了众多工程实践。

(1)深部应力场对密集硐室群围岩稳定性的影响。高地应力与应力集中是引起深井大断面密集硐室群围岩变形破坏的主因,降低高应力对围岩的影响是实现深井大断面密集硐室群围岩控制的重要途径。康红普等[50]揭示了深井大断面密集硐室群开挖期间围岩应力场的演化规律,指出硐室间相互开挖扰动直接导致了围岩应力集中与变形破坏,提出了大断面密集硐室群优化布置与围岩加固对策;其他一些学者[51-54]基于深井大断面密集硐室群开挖后围岩应力场、位移场的演化规律,分别从硐室群围岩卸压、硐室群布置方式优化、局部围岩支护强度提高、围岩整体性增强、硐室间集中应力相互干扰减弱等方面研究了如何降低高应力集中对硐室群围岩稳定性的影响,这对于实现深井大断面密集硐室群围岩长时稳定控制具有指导与借鉴意义。

（2）围岩力学特性与地质构造对密集硐室群围岩稳定性的影响。随开采深度增加,地应力水平与岩体基本力学特性均发生显著改变[55],浅部较坚硬的岩体,在深部受"四高一扰动"影响也可能呈现出蠕变、应变软化、强烈扩容等特点,从而转变为工程软岩[56]。因此,受岩爆、吸水膨胀、软化大变形、非对称大变形等因素影响,深井大断面密集硐室群围岩控制困难,同时深部地质构造更为复杂,导致上述问题更为凸显。针对深部岩体力学特性与地质构造对大断面密集硐室群围岩稳定性的影响,国内外专家学者相继提出新奥法、联合支护理论、围岩松动圈理论、高强度护板支护理论、位移反分析理论以及软岩工程理论等围岩控制方法,并已广泛应用于工程实践中[57-60]。

（3）硐室间距与硐室群布置方式对密集硐室群围岩稳定性的影响。深井大断面密集硐室群的布置方式及内部邻近硐室间距,显著影响整体结构安全与围岩长期稳定。张杰等[61-62]研究了邻近硐室间距对围岩应力场、位移场及塑性区扩展的影响,确定了超大断面密集硐室群邻近硐室最小安全间距与底板高差;杨仁树等[58]、郭志飚等[63]分析了深井大断面密集硐室群常规布置条件下的围岩变形特点及其成因,建立了硐室群集约化设计技术体系;王兆申等[64]、齐宽等[65]以科学选择硐室群与邻近巷道合理层位为基础,提出适当加大硐室间、硐室与邻近巷道间的岩柱宽度可有效缓解应力集中,从而有利于硐室群围岩长期稳定;刘志恒[66]、闫培显等[67]分析了支巷高度与硐室间距对密集硐室群围岩稳定性的影响,提出当主巷、支巷高度一致时应加强交岔点顶板支护,而当其高度不一致时则加强支巷顶板支护的差异化加固方案。

（4）硐室群开挖顺序与施工方法对密集硐室群围岩稳定性的影响。硐室群内各功能硐室邻近施工必然会对围岩产生反复扰动,在密集开挖引起的高集中应力和频繁扰动共同影响下,硐室群围岩破坏程度及范围远大于单个硐室开挖时的[68]。何满潮等[69]、F. Ju 等[70]研究了密集硐室群开挖顺序与围岩位移变形、应力状态之间的关系,提出先施工小断面硐室、后施工大断面硐室对硐室群围岩稳定性影响最小;高玮等[71]采用蚁群算法对密集硐室群的施工顺序进行了优化;程桦等[72]基于硐室群的施工条件与经济成本约束,运用动态规划理论优选了深井大断面密集硐室群的最佳施工顺序;郭东明等[73]、J. C. Li 等[74]、W. Zhang 等[75]研究了爆破施工对硐室群围岩稳定性的影响,深化了爆炸载荷对邻近硐室围岩影响机理的研究。

（5）支护技术与支护方法对密集硐室群围岩稳定性的影响。针对深部岩体具有易发生流变、蠕变、位移、沉降及底鼓的特点,当前广泛采用锚喷、锚网喷、锚网喷架、可缩性金属支架、钢筋混凝土、料石砌碹、注浆加固及预应力锚索等支护技术控制深井大断面密集硐室群围岩的稳定性。康红普等[76]、刘泉声等[77]、J. F. Yin[78]、S. K. Liang[79]基于深部岩体强流变、大变形的特点,提出锚杆支护、注浆改性与卸压技术有机结合的"三位一体"围岩控制技术;袁亮等[80]建立了围岩分级体系,并提出应力状态恢复改善、围岩力学性质增强、破裂固结与损伤修复、应力转移与承载圈扩大的深井围岩控制理论;谢广祥等[81-82]将围岩变形分为三个阶段,认为在变形相对稳定阶段加固围岩有利于保持深井围岩稳定性;王卫军等[83-84]基于深部围岩存在"给定变形"的特点,提出支护理念应由变形控制向稳定控制转变,认为保障深部围岩均匀协调变形可有效维持其完整性与稳定性;程桦等[85]、王炯等[86]、潘浩等[87]、Q. Wang 等[88]、J. C. Feng 等[89]提出硐室群支护形式直接决定围岩稳定性的观点,并提出硐室群支护形式与参数的优化方法。

(6)采动应力对密集硐室群围岩稳定性的影响。随采煤工作面推进,围岩内采动应力将同步运移,当采煤工作面与密集硐室群的空间位置相对较近时,密集硐室群围岩应力场受采动应力影响而重新分布,从而导致围岩塑性区发育范围增大、支护效果降低,进而引起密集硐室群围岩大面积连锁失稳。尹士献等[90]结合概率积分法与 Drucker-Prager 准则,提出采动影响下密集硐室群围岩稳定性判别方法;孙晓明等[91]、姜鹏飞等[92]详细分析了深井密集硐室群围岩在采动影响下的变形失稳过程,揭示了强采动影响下近距离硐室群围岩应力场的演化规律,并提出相应的围岩稳定性控制对策。

综上所述,目前国内外专家学者尚未对深井大断面硐室群围岩变形破坏特征及其影响因素、硐室群围岩变形破坏随各影响因素变化的响应特征、硐室群及其内部巷硐的优化布置方式、硐室群的紧凑型布局方法等开展深入研究。

1.2.4　井下采-充空间协调布局研究

采-充空间协调布局不仅是深部采选充一体化矿井实现安全高效绿色开采的重要保证,同时也能够充分发挥两类开采工艺技术优势,一并满足地表沉陷控制、冲击地压防治、沿空留巷、瓦斯治理、"三下"压煤开采等系列工程需求。目前,国内外专家学者已针对深部采选充一体化矿井内采-充空间合理布局方面开展了系列研究:张吉雄等[32]指出深部采选充一体化矿井内充填方式可具体划分为全采全充、全采局充、局采全充、局采局充四种类型,并指出全采全充适用于严格控制采场矿压和地表沉陷的矿井,全采局充有利于煤炭高效开采和矸石等固体废弃物规模化井下处理,局采全充适用于遗留煤柱的安全高效回收,局采局充则适用于需要控制矿压与地表沉陷或处理矸石的矿井;殷伟等[20,33]提出了深井矸石充填与垮落法混合综采技术,即采煤、充填空间布置于同一工作面内,从而解决了采煤量与矸石量不均衡难题,并研究了混合综采系统构成、关键设备及混合综采工艺三大关键问题,优化了混合综采面关键技术参数,分析了不同充实率条件下混合综采面覆岩非对称变形特征与矿压显现规律;戴华阳等[93]结合条带开采、充填开采及协调开采的技术优势,提出了一种"采-充-留"协同开采方法,指出了留设煤柱、充填工作面、采煤工作面的布置方式和采充留尺寸确定原则;屠世浩等[39]基于深部采选充一体化面临的具体工程需求,提出了采-充空间选择性布置方法;马立强等[94]基于矿井保水开采要求,开发出一种将采-充空间相结合的"多支巷布置、采充并行"壁式连采连充保水采煤方法;祁和刚等[95]基于"岩层低损伤""无煤柱开采"和"固废零排放的思路",提出了充填空间替代区段煤柱的"短采长充"科学开采构想。

本书以深井分选硐室群围岩稳定控制机理与采-充空间优化布局为研究目标,基于井下分选硐室结构特征建立围岩稳定性分析力学模型,采用控制变量法研究随不同影响因素变化分选硐室围岩变形破坏的响应特征,探讨分选硐室群优化布置方式与紧凑型布局方法,提出深井分选硐室群围岩"三壳"协同支护技术,揭示动静载耦合影响下分选硐室群围岩损伤规律,探究采-充空间布置参数与工艺参数动态调整方法,提出满足不同工程需求的采-充空间优化布局策略,分析采-选-充空间布局的互馈联动规律,探讨深井采-选-充空间优化布局决策方法,研究成果可为深井分选硐室群围岩长时稳定控制、采-选-充空间合理布局与动态调整提供理论基础和参考借鉴,对于完善井下采选充一体化技术也具有积极意义。

1.3 主要研究内容、方法和技术路线

1.3.1 主要研究内容

2018年8月,国家重点研发计划项目"深部煤矿井下智能化分选及就地充填关键技术装备研究与示范"获科技部批复立项,项目围绕煤矿千米深井智能化分选及就地充填关键技术瓶颈问题,开展井下全粒级水介质分选、超大断面密集硐室群围岩控制、矸石充填与岩层控制等方面的理论、技术与装备研究[6,9]。本书研究内容隶属项目第一研究课题,重点研究井下分选硐室结构特征与围岩力学分析、分选硐室群优化布置方式与紧凑型布局方法、分选硐室群围岩损伤规律与控制对策、深井采-充空间优化布局方法以及采-选-充空间优化布局决策方法与应用等关键科学技术问题,具体研究内容如下。

(1)井下分选硐室结构特征与围岩力学分析

通过对国内采选充一体化矿井进行现场调研,明确现阶段井下分选技术应用现状,探究各分选方法的主要优缺点、适用条件及设备配置需求,归纳总结井下分选硐室的主要结构特征,分别建立分选硐室顶板变截面梁、帮部柱体及底板外伸梁力学模型,分析分选硐室围岩变形破坏特征及主要影响因素,采用控制变量法研究随各影响因素变化围岩变形破坏的响应特征,解析分选硐室优化布置与围岩控制方法。

(2)分选硐室群优化布置方式与紧凑型布局方法

研究分选硐室群基于断面形状、尺寸效应及开挖方式的断面优化设计方法,探讨软弱岩层厚度及层位变化对分选硐室群围岩稳定性的影响,提出分选硐室群围岩稳定性综合评价方法,确定不同类型地应力场中分选硐室群的最佳布置方式,基于井下分选硐室群的结构特征探讨分选硐室群紧凑型布局原则,结合岩柱稳定需求、工程经验以及原煤入选要求提出分选硐室群紧凑型布局方法。

(3)分选硐室群围岩损伤规律与控制对策

基于分选硐室群布置期间围岩变形破坏演化规律,结合应力壳、主动承载壳、被动承载壳的围岩控制机理,开发"三壳"协同支护技术;采用正交实验方法与极差分析法确定影响围岩控制效果的关键支护参数,揭示全服务周期内高地应力与采动应力、振动动载、冲击动载耦合影响下分选硐室群围岩的损伤规律,提出相应的围岩加固对策。

(4)深井采-充空间优化布局方法

探讨深部采选充一体化矿井适用的采-充空间布局方法,分析影响采-充空间布局的关键因素,基于开发的德尔菲-层次分析法确定各影响因素权重,根据矿井采充协调要求和"以采定充""以充定采"两类限定条件探究采-充空间布置参数与工艺参数的动态调整方法,分别提出适用于地表沉陷控制、冲击地压防治、沿空留巷、瓦斯防治、保水开采五种工程需求的采-充空间优化布局方法。

(5)深井采-选-充空间优化布局决策方法与应用

揭示井下采-选-充空间布局的互馈联动规律,基于"以采定充""以充定采"两类限定条件分别提出采-选-充空间优化布局原则,探讨采-选-充空间优化布局决策方法;以新巨龙煤矿为具体工程背景,对提出的优化布局决策方法进行现场应用,规划设计矿井采-选-充空间布局方案。

1.3.2　研究方法与技术路线

本书以深井分选硐室群围岩稳定控制机理与采-充空间优化布局为主要研究目标,围绕"井下分选硐室结构特征与围岩力学分析""分选硐室群优化布置方式与紧凑型布局方法""分选硐室群围岩损伤规律与控制对策""深井采-充空间优化布局方法""深井采-选-充空间优化布局决策方法与应用"五个关键问题开展深入研究。采用理论分析、数值模拟、室内实验、现场调研相结合的研究方法,分析分选硐室围岩变形破坏特征及主要影响因素,阐明分选硐室群优化布置方式与紧凑型布局方法,提出分选硐室群围岩"三壳"协同支护技术,揭示动静载耦合影响下分选硐室群围岩损伤规律,探究采-充空间布置参数与工艺参数动态调整方法,提出满足不同工程需求的采-充空间优化布局策略,分析采-选-充空间布局的互馈联动规律,探讨深井采-选-充空间优化布局决策方法。所得研究结论与工程实践相互验证,本书的技术路线如图 1-5 所示。

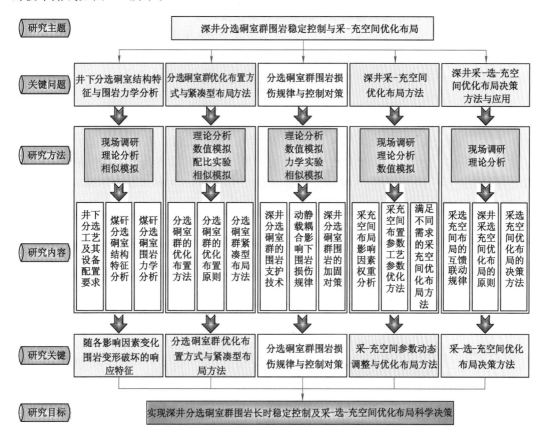

图 1-5　研究技术路线

（1）理论分析研究方法

建立分选硐室围岩稳定性分析力学模型,依据材料力学中的截面法、叠加法推导得到围岩挠曲线方程,分析围岩变形破坏特征及主要影响因素,采用控制变量法研究随各影响因素变化围岩变形破坏的响应特征;基于岩石力学中的弹塑性理论,分析岩柱稳定条件下分选硐室群内邻近硐室的合理间距,同时结合工程经验与原煤入选要求,提出分选硐室群紧凑型布局方法;结合德尔菲法与层次分析法,确定采-充空间布局影响因素的相对权重;根据采充协调要求和"以采定充""以充定采"两类限定条件,探究采-充空间布置参数与工艺参数动态调整方法。

(2)实验研究方法

基于配比实验确定相似模型中岩体相似材料的配比方案;通过单轴压缩应变实验、巴西劈裂实验及抗剪强度实验,测定煤岩样的物理力学参数,为数值模拟提供参数选择依据;依据相似模拟实验分析软弱岩层层位对分选硐室群围岩稳定性的影响,研究振动动载、冲击动载影响下分选硐室群围岩应力场、裂隙场、位移场的演化规律,并且将相似模拟实验结果与理论分析、数值模拟相互印证。

(3)数值模拟研究方法

利用 FLAC³D 数值模拟平台,研究分选硐室群基于断面形状、尺寸效应、开挖方式的断面优化设计方法,确定分选硐室群基于软弱岩层层位及地应力场类型的优化布置方式,探讨分选硐室群的优化布置原则,分析"三壳"协同支护技术的围岩控制效果,明确影响围岩控制效果的关键支护参数,揭示采动应力、振动动载、冲击动载与高地应力耦合影响下分选硐室群围岩损伤规律,研究满足不同工程需求的采-充空间优化布局方法。

(4)现场调研

调研国内采选充一体化矿井实际应用的分选工艺及其设备配置要求,实测分选硐室群内各巷硐空间尺寸,归纳总结分选硐室群的结构特征;钻孔窥视示范矿井井下分选硐室群围岩损伤范围;测定脱介筛的振动特性参数,为相似模拟实验振动载荷选择提供依据;调研示范矿井实际原煤产能、采掘接替计划及主要面临的工程需求,为科学决策示范矿井井下采-选-充空间优化布局方案提供参考。

2　井下分选硐室结构特征与围岩力学分析

　　本章通过调研国内多个采选充一体化矿井,明确了现阶段井下分选技术的应用现状及设备配置要求,阐明了各类分选方法的主要优缺点与适用条件,归纳总结了井下分选硐室的主要结构特征,结合煤系赋存特点与工程经验建立了分选硐室围岩稳定性分析力学模型,探究了分选硐室围岩变形破坏特征及其主要影响因素,揭示了随各影响因素变化围岩变形破坏的响应特征,提出了分选硐室优化布置与围岩控制策略。

2.1　井下分选工艺及其设备配置要求

　　井下煤矸分选按要求可具体分为全粒级分选、煤矸分离、毛煤排矸三个级别,深部采选充一体化矿井应基于具体分选要求、设计产能、原煤煤质与块度范围、技术装备管理水平等条件选择适宜的井下煤矸分选方法。对国内部分采选充一体化矿井的调研结果表明(见表 1-3),现阶段我国煤矿井下应用的煤矸分选方法主要有重介浅槽分选、动筛跳汰分选、X 射线分选、选择性破碎分选四种类型。

2.1.1　重介浅槽分选工艺

　　重介浅槽分选是当前井下分选效率最高的煤矸分选工艺。该技术以水和磁铁矿粉配比形成的悬浮液为分选介质,分选介质的密度介于煤与矸石之间;根据阿基米德原理,精煤和矸石在分选介质中按密度分层,密度较大的矸石下沉到浅槽底部由刮板排出,密度较小的精煤悬浮于分选介质上层,通过溢流堰与重介悬浮液一同排出,如图 2-1 所示[22,32]。

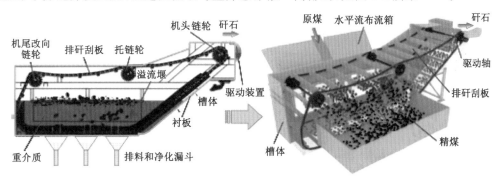

图 2-1　重介浅槽分选机系统工作原理

　　重介浅槽分选机主要由槽体、布流箱、排矸刮板系统及其驱动装置等部件组成。槽体为金属结构件,布流箱和溢流堰分别位于槽体两侧,布流箱的底部设有水平流介质管。悬浮液以两种方式进入分选槽,即槽体底部排料斗给入的上升流和布流箱给入的水平流[96]。上升流的作用是保持悬浮液稳定、均匀,同时可分散入料和保持物料浮力。水平流的作用是保持槽体上部悬浮液密度稳定,同时形成由入料端向排料端运动的水平介质流,运输上浮精煤。

图 2-2 所示为井下重介浅槽分选工艺的设备流程,该分选工艺系统主要由筛分破碎、煤矸分选和煤泥水处理三个子系统组成。重介浅槽分选工艺的主要优点为[25,97]:(1)分选粒度范围宽(13~300 mm),可有效减小大块入料破碎率,能耗低;(2)单台设备处理能力大,对煤质波动适应性强;(3)分选精度及产品回收率高,矸石带含煤率可小于 3%;(4)有效分选时间短,泥化程度低,自动化程度高,可自动调节;(5)结构简单,易操作、维护、观察、巡视。但其也存在以下缺点:(1)配套设备投入多,井下占用空间大,运行维护费用较高;(2)需要配备重介回收净化系统,煤泥水处理相对复杂;(3)末煤分选精度低,对煤泥变化较敏感,对块原煤煤泥含量有严格要求。

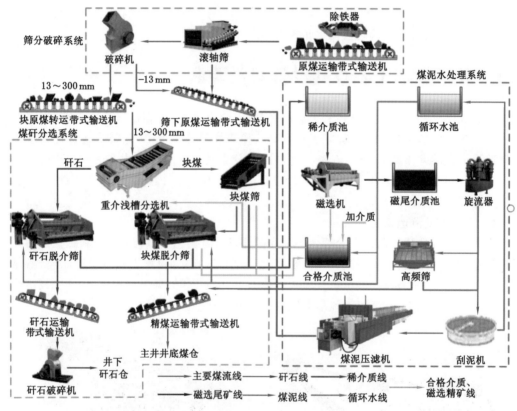

图 2-2   重介浅槽分选工艺设备流程

2.1.2 动筛跳汰分选工艺

井下应用的跳汰分选工艺具体分为空气脉动跳汰与动筛跳汰两种类型,而以动筛跳汰分选工艺应用最广。两类跳汰分选工艺均以水作为分选介质。空气脉动跳汰通过调控空气压力输送给分选机槽体内的水足够动能,让其产生上下往复运动,上升水流带动床层分散并按密度分层,下降水流产生吸吸作用调节重产物质量,如图 2-3(a)所示。动筛跳汰机分选原理如图 2-3(b)所示,即依靠外力驱动筛板在水介质中做往复运动,精煤和矸石由于密度差异产生分层,密度较大的矸石先于精煤沉降在床层底部,床层随筛板运动而不断向前移动,矸石通过排料轮由底部排出,精煤则随水介质溢流排出,从而实现煤矸分离[24]。根据驱动方式差异,可将动筛跳汰机划分为液压驱动动筛跳汰机和机械驱动动筛跳汰机两种类型。

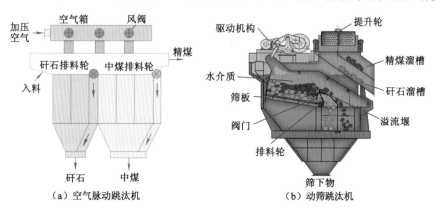

图 2-3　跳汰机的结构与工作原理

如图 2-4 所示,井下动筛跳汰分选工艺系统同样由筛分破碎、煤矸分选和煤泥水处理三个子系统组成。动筛跳汰分选是井下选煤排矸的优选方案之一,其具有以下显著优点[25]:(1) 分选粒度上限大,可达 400 mm,且分选粒度范围宽;(2) 工艺流程相对简单,配套辅助设备少于重介浅槽分选工艺的,生产运行成本低;(3) 循环用水量小,仅为传统湿法选煤的10％左右;(4) 煤泥水处理系统相对简单,对煤泥水浓度要求不严格。动筛跳汰分选的主要缺点为:(1) 动筛跳汰机体积较大,尤其是机体和排料装置高度较大,导致井下运输、安置、检修困难,对分选硐室的空间尺寸(尤其是高度)要求较高;(2) 分选效果易受入料粒度影响,入料粒度范围不能太大,对入料粒度的均匀性要求较高;(3) 有效分选深度、精度均不如重介浅槽分选工艺,排出矸石的含煤率在 3％左右。

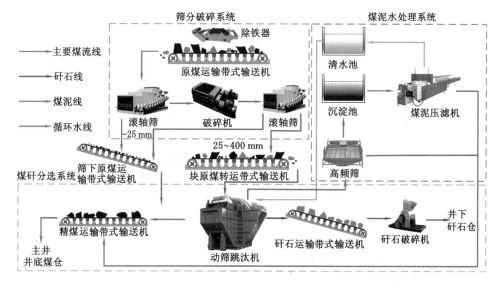

图 2-4　动筛跳汰分选工艺设备流程

2.1.3 X射线分选工艺

我国山西、陕西、内蒙古、新疆等产煤大省(区)大都干旱缺水,而储量较大的褐煤、长焰煤等煤种以及部分煤层夹矸遇水极易泥化。井下采用湿法选煤工艺时,必须建设煤泥水处理系统,不仅面临用水量大、煤与矸石泥化程度严重、投资与生产成本高等难题,产生的大量低发热量煤泥也难以销售[98]。干法选煤可避免煤炭与水接触,是解决上述问题的有效途径。干法选煤的精度虽低于湿法选煤,但末精煤的产量高、水分低,精煤的发热量也高于水洗精煤。

X射线分选属于干法选煤工艺的一种,其技术原理如图2-5所示,利用X射线的强穿透能力透射带式输送机上的原煤,由于煤和矸石对X射线的透射率差异明显,结合数字化识别技术分析处理透射的X射线即可实现煤矸识别,进而借助风力对已识别的煤块和矸石进行击打,最终完成煤矸分离[22]。

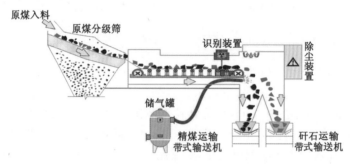

图 2-5　X射线分选系统工作原理

X射线分选工艺的煤矸识别准确率可达97%以上,特别适合于大块煤分选,具体工艺设备流程见图2-6[99-100]。由于无须进行煤泥水处理,X射线分选系统仅由筛分破碎系统和煤矸分选系统两个子系统组成,具有分选系统简单、设备数量少、关联衔接点少、投资及运行

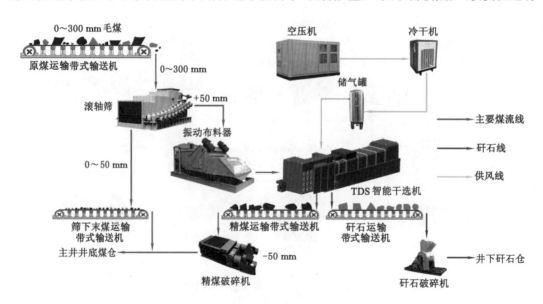

图 2-6　X射线分选工艺设备流程

成本低、建设周期短等优点。同时,由于分选机的宽度和高度较小,该工艺比较适合井下应用。X 射线分选工艺对块煤的分选精度较高,接近跳汰分选,但低于重介浅槽分选,矸石带含煤率在 3% 左右,煤带含矸率在 5% 左右[22,25]。TDS 智能干选机是我国新近研发的一种 X 射线分选装备,该机的最大处理能力可达 380 t/h,并且可根据煤质情况灵活调整选煤策略,即矸石较少时"打矸",矸石较多时则反选"打煤",解决了矸石量较大时动筛分选效果不好、磨损严重等问题。X 射线分选技术只适用于块煤分选,对细颗粒物料难以精确分离,尤其是当入料粒度下限低于 50 mm 时矸石带煤量较大、单通道处理能力低。

2.1.4 选择性破碎分选工艺

选择性破碎分选工艺主要利用煤与矸石的硬度差异来实现煤矸分离[101-102]。如图 2-7 所示,在同一冲击破碎环境中煤易被破碎成粒度较小的颗粒,而矸石破碎后粒度较大,通过筛分可剔除大块矸石及杂物,从而实现煤矸选择性分离[22,24,102-104]。选择性破碎机集筛分、选矸和破碎三个功能于一体,实现了一机多用。选择性破碎分选工艺适用于对煤炭产品粒度无特殊要求的矿井,目前应用较为广泛的选择性破碎分选设备有鼠笼式选择性煤矸分离机、液压式自动分选机等[103-104]。当原煤中粒度大于 50 mm 的矸石含量超过 30%,并且煤质较脆、矸石较硬时,可以考虑采用选择性破碎机选矸。

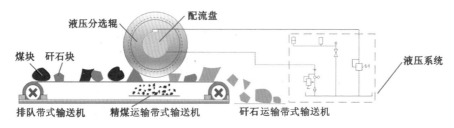

图 2-7 选择性破碎机工作原理

选择性破碎分选同样属于干法选煤工艺,其应用条件为煤与矸石的硬度存在显著差别。选择性破碎分选的工艺流程如图 2-8 所示,井下分选系统同样由筛分破碎和煤矸分选两个

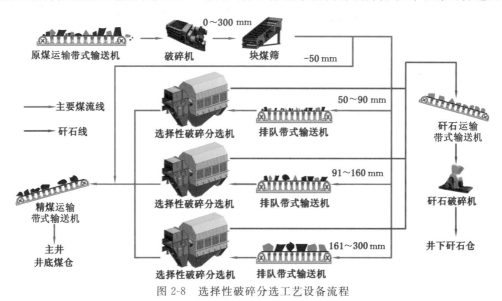

图 2-8 选择性破碎分选工艺设备流程

子系统构成。由于依靠机械破碎实现煤矸分离,选择性破碎分选工艺具有系统简单、设备布置紧凑等优点,但也存在能耗高、处理能力小、分选精度和块煤率低、噪声污染严重等显著缺点,并且破碎设备运行时可能产生电火花,不适合高瓦斯矿井应用[16,105]。

2.2 井下分选硐室结构特征分析

井下分选硐室内集中安置选煤、脱介、介质回收、煤泥压滤等设备,是分选硐室群的主要功能硐室,其空间尺寸一般在分选硐室群内最大,因此分选硐室的围岩控制效果直接影响井下安全高效选煤。本节基于对多个采选充一体化矿井的现场调研,归纳总结井下分选硐室的主要结构特征。

我国煤矿对硐室的传统定义为,空间三个轴线长度相差不大、不直通地面且具有特定使用功能的地下巷道,如井下变电所、水泵房、绞车硐室等。图2-9所示分别为新巨龙煤矿、平煤十二矿、唐山煤矿[106]及滨湖煤矿井下分选硐室实拍图。表2-1详细列出了部分煤矿井下分选硐室的空间尺寸统计数据。由表2-1可看出,分选硐室普遍呈现断面尺寸大、高度普遍大于宽度、轴向长度显著大于断面尺寸的结构特点,与井下开拓、准备、回采巷道以及传统硐室均存在明显区别。

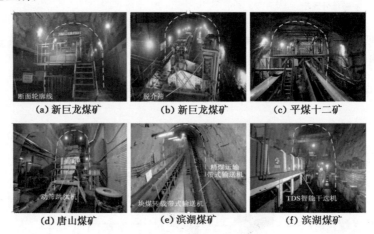

图 2-9　井下分选硐室实拍

表 2-1　井下分选硐室的空间尺寸统计

矿井名称	分选工艺	巷硐类别	断面形状	宽×高/m	宽高比	轴长/m	轴长与高度之比
新巨龙煤矿	重介浅槽分选	原煤入选巷道	三心拱	5.0×4.0	1.25	39.3	9.83
		筛分破碎硐室	三心拱	6.5×8.0	0.81	53.2	6.65
		产品转运硐室	三心拱	7.0×8.0	0.88	88.9	11.11
		浅槽排矸硐室	三心拱	7.5×9.0	0.83	85.6	9.51
		煤泥水澄清硐室	三心拱	6.5×6.5	1.00	68.1	10.48
		精煤排运巷道	三心拱	5.0×4.0	1.25	36.6	9.15
平煤十二矿	重介浅槽分选	分选硐室	直墙半圆拱	8.0×9.2	0.87	75.0	8.15

表 2-1(续)

矿井名称	分选工艺	巷硐类别	断面形状	宽×高/m	宽高比	轴长/m	轴长与高度之比
济阳煤矿	重介浅槽分选	浅槽排矸硐室	直墙半圆拱	6.8×7.0	0.97	70.0	10.00
滨湖煤矿	X射线分选	煤矸分离硐室	直墙半圆拱	5.5×7.4	0.74	41.0	5.54
唐山煤矿	动筛跳汰分选	跳汰分选硐室	直墙半圆拱	6.2×9.3	0.67	25.8	2.77
协庄煤矿	动筛跳汰分选	跳汰分选硐室	直墙半圆拱	6.5×7.5	0.87	25.0	3.33

2.3　井下分选硐室围岩力学分析

井下巷道、硐室开掘后围岩应力将重新分布并形成应力集中,顶底板受集中应力影响易于沿层理面产生离层,帮部围岩在顶、底板挤压作用下内部产生横向拉应力,节理裂隙在拉应力作用下不断扩展、分支、合并直至贯通,最终形成与自由面平行的层裂板结构[111-112],如图 2-10 所示。

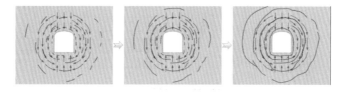

图 2-10　围岩分区破坏过程

根据弹性力学理论,巷硐开挖可视为平面应变问题,垂直于分选硐室轴向取剖面,围岩应力状态如图 2-11(a)所示。结合分选硐室围岩的受力特点与变形破坏特征,建立了如图 2-11(b)所示的围岩简化力学模型。图中,$2a$ 为分选硐室的宽度,m;h 为分选硐室的高

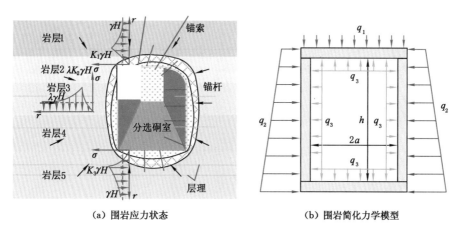

（a）围岩应力状态　　　　　　　（b）围岩简化力学模型

图 2-11　分选硐室围岩应力状态与简化力学模型

度,m;q_1为顶板岩梁所受上覆载荷,MPa;q_2为水平应力,MPa;q_3为支护应力,MPa。

2.3.1 顶板变形破坏力学分析

为减小围岩变形损伤范围、提高支护效果、实现围岩均匀协调变形,分选硐室的理想布置层位为强度高、厚度大、地质构造少、靠近开采煤层、远离采动影响的稳定岩层,但由于分选硐室高度较大,煤系内往往并不存在此类岩层,因此分选硐室围岩往往由多组岩层共同构成。同时,煤系属典型的沉积岩层,即使单一厚岩层内也普遍存在层理构造,这显著降低了岩体的连续性与完整性。为分析分选硐室顶板的变形破坏特征及其影响因素,参照相关文献研究成果[113-114],建立图 2-12 所示的顶板简支梁力学模型,梁体的弯曲挠度直接体现顶板的变形破坏特点。采用材料力学中的叠加法求解顶板简支梁的挠曲线方程[115],并对梁体作出如下假设:(1) 梁体为各向同性弹性体,各个载荷与它所引起的变形呈线性关系,即各个载荷所引起的变形相互独立、互不影响;(2) 梁体在载荷 q_2 作用下产生的弯曲变形是以其他载荷对梁体作用后产生的小变形为基础的。根据上述假设,将图 2-12(a)中梁体的受力条件分解为图 2-12(b)、图 2-12(c)、图 2-12(d),并假定简支梁的宽度 b 为 1。

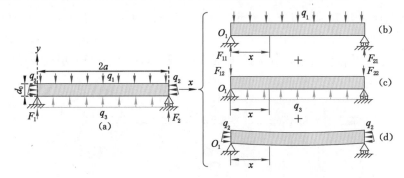

图 2-12 分选硐室顶板简支梁力学模型

首先求解图 2-12(b)中简支梁在载荷 q_1 作用下的挠曲线方程。根据关键层理论,载荷 q_1 的大小可通过式(2-1)计算确定[116-118]:

$$q_1 = \frac{E_r d_0^3 (\gamma_r d_0 + \gamma_1 h_1 + \cdots + \gamma_n h_n)}{E_r d_0^3 + E_1 h_1^3 + \cdots + E_n h_n^3} \tag{2-1}$$

式中,γ_r 为顶板简支梁的重度,kN/m^3;E_r 为顶板简支梁的弹性模量,GPa;d_0 为顶板简支梁的厚度,m;γ_1—γ_n 为顶板简支梁上方第 $i(i=1,2,\cdots,n)$ 层岩层的重度,kN/m^3;E_1—E_n 为顶板简支梁上方第 i 层岩层的弹性模量,GPa;h_1—h_n 为顶板简支梁上方第 i 层岩层的厚度,m。

根据竖直方向的静力平衡条件求解支座处的支撑反力 F_{11}、F_{21}:

$$F_{11} = F_{21} = aq_1 \tag{2-2}$$

通过截面法求解距梁左端支点 O_1 距离为 x 处截面上的弯矩 $M_1(x)$:

$$M_1(x) = \frac{q_1}{2}x^2 - aq_1 x \tag{2-3}$$

已知小变形条件下梁体的挠曲线近似微分方程为[115]:

$$\omega'' = \frac{M}{EI} \tag{2-4}$$

式中,EI 为梁体的抗弯刚度,I 由式(2-5)计算确定:

$$I = bd_0^3/12 = d_0^3/12 \tag{2-5}$$

将式(2-3)代入式(2-4),经过两次积分后得到顶板简支梁在载荷 q_1 作用下的挠曲线方程:

$$\omega_1(x) = \frac{1}{E_r I}\left(\frac{q_1}{24}x^4 - \frac{aq_1}{6}x^3 + Cx + D\right) \tag{2-6}$$

顶板简支梁的边界条件为:

$$\begin{cases} x = 0 \text{ 时}, \omega = 0 \\ x = 2a \text{ 时}, \omega = 0 \end{cases} \tag{2-7}$$

将式(2-7)代入式(2-6),求解得到:

$$\omega_1(x) = \frac{1}{E_r I}\left(\frac{q_1}{24}x^4 - \frac{aq_1}{6}x^3 + \frac{a^3 q_1}{3}x\right) \tag{2-8}$$

同理可求解出图 2-12(c)中顶板简支梁在载荷 q_3 作用下的挠曲线方程,即

$$\omega_2(x) = \frac{1}{E_r I}\left(-\frac{q_3}{24}x^4 + \frac{aq_3}{6}x^3 - \frac{a^3 q_3}{3}x\right) \tag{2-9}$$

图 2-12(d)中,梁体在载荷 q_1、q_3 作用下产生微小变形后,在载荷 q_2 作用下梁体内将产生弯矩,进而加大梁体的变形程度。梁体在载荷 q_2 作用下的弯矩为:

$$M_3(x) = -\lambda\gamma_r d_0(H + 0.5d_0)[\omega_1(x) + \omega_2(x)] \tag{2-10}$$

式中,λ 为侧压系数;H 为顶板简支梁的埋藏深度,m。

继续将式(2-10)代入式(2-4)并进行两次积分,再根据式(2-7)求解得到载荷 q_2 作用下的顶板简支梁挠曲线方程:

$$\omega_3(x) = -\frac{\lambda\gamma_r d_0(H + 0.5d_0)(q_1 - q_3)}{E_r^2 I^2}\left(\frac{x^6}{720} - \frac{ax^5}{120} + \frac{a^3 x^3}{18} - \frac{2a^5 x}{15}\right) \tag{2-11}$$

结合式(2-8)、式(2-9)、式(2-11),最终得到顶板简支梁的挠曲线方程:

$$\omega(x) = \omega_1(x) + \omega_2(x) + \omega_3(x) = \frac{q_1 - q_3}{E_r I}\left(\frac{x^4}{24} - \frac{ax^3}{6} + \frac{a^3 x}{3}\right) -$$
$$\frac{\lambda\gamma_r d_0(H + 0.5d_0)(q_1 - q_3)}{E_r^2 I^2}\left(\frac{x^6}{720} - \frac{ax^5}{120} + \frac{a^3 x^3}{18} - \frac{2a^5 x}{15}\right) \tag{2-12}$$

由式(2-12)可看出,求解顶板简支梁在各载荷作用下的挠度需要先确定 E_r 和 I 的值。E_r 值可通过顶板岩样的单轴压缩应变实验测定。I 值当分选硐室的断面形状为矩形时以式(2-5)求解;但实际为减小顶板受拉区范围,井下硐室普遍采用直墙半圆拱形、三心拱形、圆弧拱形、马蹄形、椭圆形等断面形状,即简支梁沿 x 轴方向为变截面梁,梁体的厚度与惯性矩皆为 x 的函数,如图 2-13 所示。为便于计算,将曲线形变截面梁简化为折线形变截面梁,假设梁体中部厚度为 d_1,则梁体厚度的分段方程为:

$$d(x) = \begin{cases} d_0 - (d_0 - d_1)x/a, 0 \leqslant x < a \\ 2d_1 - d_0 + (d_0 - d_1)x/a, a \leqslant x \leqslant 2a \end{cases} \tag{2-13}$$

将式(2-13)代入式(2-5),得到变截面梁惯性矩 $I(x)$ 的分段方程:

$$I(x) = \begin{cases} [d_0 - (d_0 - d_1)x/a]^3/12, 0 \leqslant x < a \\ [2d_1 - d_0 + (d_0 - d_1)x/a]^3/12, a \leqslant x \leqslant 2a \end{cases} \tag{2-14}$$

将式(2-14)代入式(2-12),得到分选硐室顶板的挠曲线方程,即

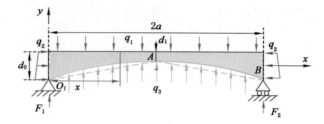

图 2-13 顶板变截面简支梁力学模型

$$\omega(x) = \frac{q_1 - q_3}{E_r I(x)}\left[\frac{x^4}{24} - \frac{ax^3}{6} + \frac{a^3 x}{3}\right] - \frac{\lambda \gamma_r d_0 (H + 0.5 d_0)(q_1 - q_3)}{E_r^2 I(x)^2}\left(\frac{x^6}{720} - \frac{ax^5}{120} + \frac{a^3 x^3}{18} - \frac{2a^5 x}{15}\right)$$

$$(2-15)$$

分析式(2-15)可知,影响分选硐室顶板变形破坏程度的主要因素包括顶板上覆载荷(q_1)、支护应力(q_3)、岩梁弹性模量(E_r)、岩梁厚度(d_0 与 d_1)、硐室宽度($2a$)、侧压系数(λ)和埋藏深度(H)。采用控制变量法研究各因素取值变化对顶板挠度的影响,即当分别以各影响因素作为独立变量时,其他各因素取固定值,各影响因素的取值范围见表 2-2。

表 2-2 顶板挠度各影响因素的取值范围

变量	q_1/MPa	q_3/MPa	E_r/GPa	d_0/m	d_1/m	$2a$/m	λ	H/m
	0.4	0.1	5	1.5	0.4	5.0	0.4	500
	0.6	0.2	10	2.0	0.6	5.5	0.6	600
	0.8	0.3	15	2.5	0.8	6.0	0.8	700
取值	1.0	0.4	20	3.0	1.0	6.5	1.0	800
范围	1.2	0.5	25	3.5	1.2	7.0	1.2	900
	1.4	0.6	30	4.0	1.4	7.5	1.4	1 000
	1.6	0.7	35	4.5	1.6	8.0	1.6	1 100
	1.8	0.8	40	5.0	1.8	8.5	1.8	1 200
固定值	1.0	0.2	10	2.0	1.0	7.0	1.0	800

将表 2-2 中相关数据代入式(2-15),计算得到各影响因素不同取值条件下顶板的挠度变化曲线,如图 2-14 所示。

分析图 2-14 可知:(1) 随各影响因素取值变化,顶板挠度曲线均呈"V"形对称分布,自梁端至中部挠度的增长率逐步增大,主要原因为顶板岩梁为变截面梁;(2) x 取定值时,顶板挠度与上覆载荷 q_1、硐室宽度 $2a$、侧压系数 λ、埋藏深度 H 呈正比关系,而与支护应力 q_3、岩梁弹性模量 E_r、梁体中部厚度 d_1 呈反比关系;(3) 当 d_0 为独立变量时,顶板中部挠度(即最大挠度 ω_{max})与 d_0 呈正比关系,而顶板其他位置的挠度与 d_0 呈反比关系;(4) 梁体中部厚度 d_1 主要对 ω_{max} 影响显著,这表明弧形顶板虽可减小受拉区范围,但矢跨比越大,顶板中部越易发生拉裂破坏;(5) 相较其他因素,侧压系数 λ 与埋藏深度 H 对顶板挠度整体影响较小,这表明顶板的变形破坏程度主要受竖直方向载荷、顶板岩梁的厚度与强度、分选硐室的断面形状与尺寸的影响。综合上述分析,提出了合理确定分选硐室宽度、优化断面形状、远离采掘应力影响、尽量将顶板布置于厚度较大的高强度岩层内的优化布置策略,并且通过注

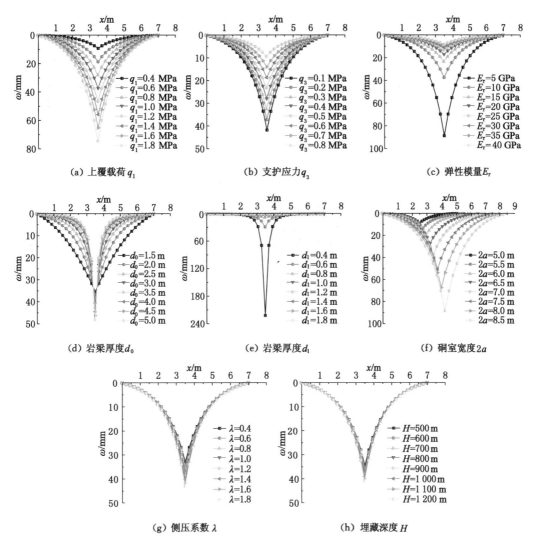

图 2-14 随各影响因素取值变化的顶板挠度曲线

浆改性提高顶板岩体强度、锚杆(索)支护增大顶板岩梁厚度与支护强度均可有效降低分选硐室顶板的变形破坏程度。

图 2-15 为相似模拟实验中无支护条件下顶板岩梁的变形破坏过程。由图 2-15 可看出:(1)分选硐室开挖并初次加载后,顶板中部先产生拉伸裂隙;(2)继续加大载荷后,顶板岩梁中部发生贯通破坏并弯曲下沉;(3)再次加大载荷后,梁体两端也发生拉裂破坏,断裂块体靠摩擦力相互咬合并逐步滑落;(4)在顶板岩梁变形破坏过程中,梁体中部的位移量始终最大,顶板挠度整体呈现"V"形对称分布特点,并且随加载载荷增大,挠度的增长率也自梁体两端至中部逐步增大,与前述理论分析结果基本一致。

2.3.2 帮部围岩变形破坏力学分析

帮部层裂板结构的稳定性直接影响两帮围岩的变形破坏程度,层裂板结构的宽度 d_1 可近似认为等于围岩松动圈的厚度[114]。工程实践经验与相似模拟实验结果表明,不同边界

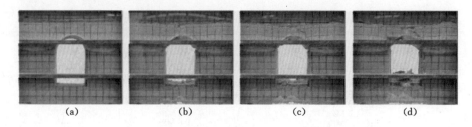

图 2-15　顶板岩梁的变形破坏过程

条件下层裂板结构的破坏形态差异显著,如图 2-16 所示。

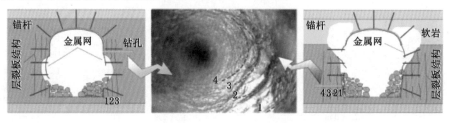

图 2-16　不同边界条件下帮部层裂板结构的破坏形态

　　参照相关文献[119],建立了两类边界条件下的帮部围岩柱体力学模型:(1) 当帮部围岩与顶底板为同层岩体或顶底板岩体强度相近时,顶板对柱体顶端变形起法向约束作用,此时可将柱体的边界条件视为下端固定、上端铰支,见图 2-17(a);(2) 若帮部围岩由多组岩层共同构成,则当某一岩层上下部岩体的强度相差不大时,其边界条件也可视为下端固定、上端

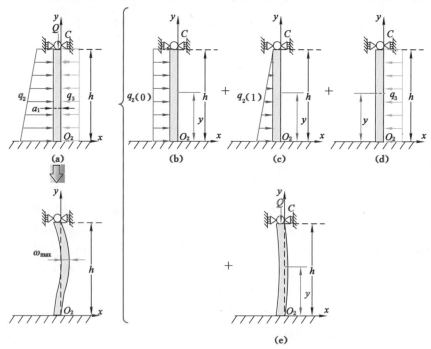

图 2-17　下端固定、上端铰支的帮部围岩柱体力学模型

铰支;(3) 当顶底板岩体强度差异显著时,由于岩体强度小的一端对柱体端部的约束作用较弱,可视为其对柱体端部仅起摩擦阻力作用,如图2-18(a)所示;(4) 若帮部围岩由多组岩层共同构成,当某一岩层上下部岩体的强度差异显著时,该岩层内部层裂板结构的边界条件仍可视为一端固定、一端自由。

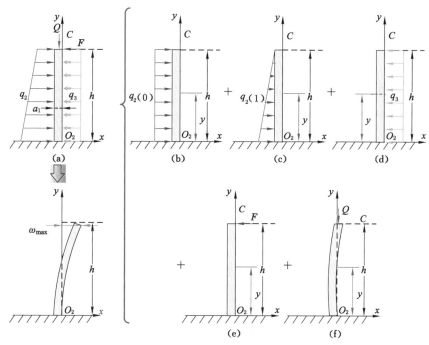

图 2-18　下端固定、上端自由的帮部围岩柱体力学模型

2.3.2.1　下端固定、上端铰支的柱体力学模型

图 2-17 所示为下端固定、上端铰支的帮部柱体力学模型及其受力分解,柱体的厚度 b 仍取 1。图中,a_1 为柱体宽度,可视为等于层裂板结构宽度 d_1 的 $1/n$,d_1 可由式(2-16)计算确定[114];Q 为柱体顶端所受的等效法向力,N;$q_2(0)$ 与 $q_2(1)$ 为 q_2 分解后的均布载荷和线性分布载荷,MPa。

$$d_1 = R_s \sqrt{\frac{(1+\mu)\left[(\xi-1)p + \sigma_c\right]}{E_s(\xi+1)\Delta\varepsilon_p + (1+\mu)\left[(\xi-1)p + \sigma_c\right]}} \tag{2-16}$$

$$R_s = R - a_1 \tag{2-17}$$

$$R = r_i \left\{ \frac{\left[p(1+\lambda) + 2C\cot\varphi\right](1-\sin\varphi)}{2p_i + 2C\cot\varphi} \right\}^{\frac{1-\sin\varphi}{2\sin\varphi}} \left\{ 1 + \frac{p(1-\lambda)(1-\sin\varphi)}{\left[p(1+\lambda) + 2C\cot\varphi\right]\sin\varphi} \right\} \tag{2-18}$$

式中,R_s 为帮部围岩内塑性区的发育范围(深度),m;E_s 为帮部围岩的弹性模量,GPa;μ 为帮部围岩的泊松比;φ 为帮部围岩的内摩擦角,(°);ξ 为与内摩擦角有关的常数,且 $\xi =(1+\sin\varphi)/(1-\sin\varphi)$;$\sigma_c$ 为帮部围岩的单轴抗压强度,MPa;$\Delta\varepsilon_p$ 为帮部围岩软化阶段的应变;R 为塑性区半径,m;p 为原岩应力,MPa;p_i 为支护阻力,MPa;r_i 为巷硐的等效开挖半径,m;C 为帮部围岩的内聚力,MPa。

继续采用叠加法求解柱体的挠曲线方程。已知均布载荷 $q_2(0)$ 的大小为 $\lambda\gamma(H+d_0)$,

线性分布载荷 $q_2(1)$ 的最大值为 $\lambda\gamma h$。先采用截面法分析图 2-17（b）中柱体在均布载荷 $q_2(0)$ 作用下距支点 O_2 距离为 y 处的截面内的弯矩：

$$M_1(y) = \lambda\gamma_s(H+d_0)\left(\frac{y^2}{2} + \frac{h^2}{8} - \frac{5hy}{8}\right) \tag{2-19}$$

式中，γ_s 为帮部围岩的重度，kN/m^3。

将式（2-19）代入式（2-4），求解得到 $q_2(0)$ 作用下柱体的挠曲线方程：

$$\omega_1(y) = \frac{\lambda\gamma_s(H+d_0)}{E_sI}\left(\frac{y^4}{24} - \frac{5hy^3}{48} + \frac{h^2y^2}{16} + Cy + D\right) \tag{2-20}$$

式中，E_s 为帮部围岩的弹性模量，GPa。

已知此时柱体的边界条件为：

$$\begin{cases} y = 0 \text{ 时}, \omega = 0 \\ y = h \text{ 时}, \omega = 0 \end{cases} \tag{2-21}$$

将式（2-21）代入式（2-20），求解得到：

$$\omega_1(y) = \frac{\lambda\gamma_s(H+d_0)}{E_sI}\left(\frac{y^4}{24} - \frac{5hy^3}{48} + \frac{h^2y^2}{16}\right) \tag{2-22}$$

以此类推，分别求解得到柱体在载荷 $q_2(1)$、q_3 作用下的挠曲线方程，即

$$\omega_2(y) = \frac{\lambda\gamma_s h}{E_sI}\left(-\frac{y^5}{120h} + \frac{y^4}{24} - \frac{hy^3}{15} + \frac{h^2y^2}{30}\right) \tag{2-23}$$

$$\omega_3(y) = \frac{q_3}{E_sI}\left(-\frac{y^4}{24} + \frac{5hy^3}{48} - \frac{h^2y^2}{16}\right) \tag{2-24}$$

在图 2-17（e）中，载荷 Q 仅在柱体发生弯曲变形后才会对柱体的挠度产生影响。已知载荷 Q 的大小为 $a_1(q_{1+}\gamma_r d_0)$，则载荷 Q 在柱体内产生的弯矩为：

$$M_4(y) = -a_1(q_1 + \gamma_r d_0)[\omega_1(y) + \omega_2(y) + \omega_3(y)] \tag{2-25}$$

将式（2-25）代入式（2-4）中，经过两次积分后再根据式（2-21）最终求解出柱体在载荷 Q 作用下的挠曲线方程：

$$\omega_4(y) = -\frac{a_1(q_1 + \gamma_r d_0)}{(E_sI)^2}\left\{\begin{array}{l} \lambda\gamma_s(H+d_0)\left(\frac{y^6}{720} - \frac{hy^5}{192} + \frac{h^2y^4}{192}\right) + \lambda\gamma_s h\left(-\frac{y^7}{5\,040h} + \frac{y^6}{720} - \frac{hy^5}{300} + \frac{h^2y^4}{360}\right) + \\ q_3\left(-\frac{y^6}{720} + \frac{hy^5}{192} - \frac{h^2y^4}{192}\right) + \left[-\lambda\gamma_s(H+d_0)\frac{h^5}{720} - \lambda\gamma_s\frac{h^6}{1\,575} + q_3\frac{h^5}{720}\right]y \end{array}\right\} \tag{2-26}$$

联立式（2-22）、式（2-23）、式（2-24）、式（2-26），得到柱体的挠曲线方程，即

$$\omega(y) = \frac{\lambda\gamma_s(H+d_0)}{E_sI}\left(\frac{y^4}{24} - \frac{5hy^3}{48} + \frac{h^2y^2}{16}\right) + \frac{\lambda\gamma_s h}{E_sI}\left(-\frac{y^5}{120h} + \frac{y^4}{24} - \frac{hy^3}{15} + \frac{h^2y^2}{30}\right) +$$

$$\frac{q_3}{E_sI}\left(-\frac{y^4}{24} + \frac{5hy^3}{48} - \frac{h^2y^2}{16}\right) - \frac{a_1(q_1 + \gamma_r d_0)}{(E_sI)^2} \cdot$$

$$\left\{\begin{array}{l} \lambda\gamma_s(H+d_0)\left(\frac{y^6}{720} - \frac{hy^5}{192} + \frac{h^2y^4}{192}\right) + \lambda\gamma_s h\left(-\frac{y^7}{5\,040h} + \frac{y^6}{720} - \frac{hy^5}{300} + \frac{h^2y^4}{360}\right) + \\ q_3\left(-\frac{y^6}{720} + \frac{hy^5}{192} - \frac{h^2y^4}{192}\right) + \left[-\lambda\gamma_s(H+d_0)\frac{h^5}{720} - \lambda\gamma_s\frac{h^6}{1\,575} + q_3\frac{h^5}{720}\right]y \end{array}\right\} \tag{2-27}$$

由式（2-27）可看出，在下端固定、上端铰支的边界条件下，柱体挠度的主要影响因素包

括硐室高度(h)、帮部围岩弹性模量(E_s)、埋藏深度(H)、支护应力(q_3)、侧压系数(λ)、柱体宽度(a_1)、上覆载荷(q_1)。仍然采用控制变量法研究各影响因素取值变化对帮部围岩变形破坏的影响,将表2-3中相关数据代入式(2-27),绘制得到图2-19所示柱体挠度变化曲线,分析可知:(1) 在下端固定、上端铰支的边界条件下,柱体的挠曲线呈两端最小、中部最大形态;(2) 柱体挠度与h、H、λ呈正比关系,而与E_s、q_3、a_1呈反比关系;(3) 基于分选设备安置与使用要求合理确定分选硐室高度、避免将分选硐室轴向与最大水平主应力方向垂直布置、尽量将帮部围岩布置于高强度岩层内、远离采掘应力影响,均可有效降低帮部围岩控制难度;(4) 由于柱体宽度a_1对帮部围岩挠度的影响最大,在分选硐室开掘后及时对围岩进行有效支护以减小层裂板结构范围、采用锚杆(索)支护增大柱体宽度均可有效控制帮部围岩的变形破坏程度;(5) 通过注浆改性提升帮部岩体强度、加大支护应力也可提升帮部围岩的控制效果;(6) 为实现分选硐室帮部围岩均匀协调变形,应加大对帮部岩体中部区域的支护强度。

表 2-3　帮部围岩挠度各影响因素的取值范围

变量	h/m	E_s/GPa	H/m	q_3/MPa	λ	a_1/m
	5.0	5	500	0.2	0.4	0.50
	5.5	10	600	0.6	0.6	0.75
	6.0	15	700	1.0	0.8	1.00
取值	6.5	20	800	1.4	1.0	1.25
范围	7.0	25	900	1.8	1.2	1.50
	7.5	30	1 000	2.2	1.4	1.75
	8.0	35	1 100	2.6	1.6	2.00
	8.5	40	1 200	3.0	1.8	2.25
固定值	8.0	10	800	1.0	1.0	1.00

顶底板岩体强度相同时,分选硐室帮部围岩变形破坏的相似模拟过程如图2-20所示。由图2-20可看出:(1) 在顶底板挤压作用下,两帮中部岩体先发生屈曲破坏;(2) 加大载荷后,两帮围岩的屈曲破坏程度逐步加剧,层裂板结构范围逐步扩大,近自由面岩体亦逐步垮

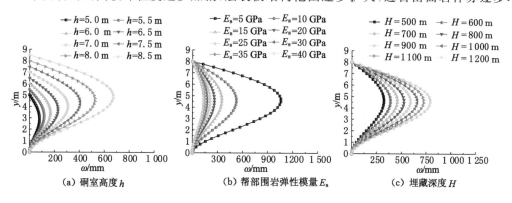

图 2-19　下端固定、上端铰支条件下柱体的挠度曲线

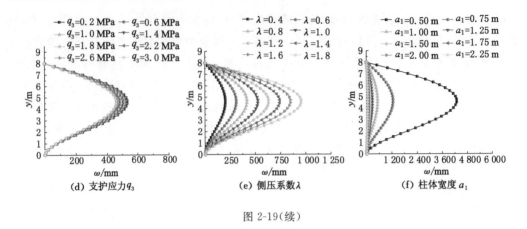

图 2-19(续)

落,帮部围岩最终呈现"凹"形破坏形态;(3)在顶底板岩体强度相同条件下,帮部围岩的变形破坏特征与所建立的下端固定、上端铰支柱体力学模型一致。

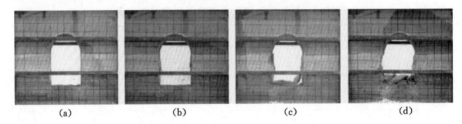

图 2-20   顶底板岩体强度相同时帮部围岩的变形破坏过程

2.3.2.2   一端固定、一端自由的柱体力学模型

一端固定、一端自由的边界条件又可具体划分为下端固定、上端自由和下端自由、上端固定两种情况。以图 2-18 所示的下端固定、上端自由的柱体力学模型为例,求解柱体的挠曲线方程。图中,F 为顶板对帮部岩体的摩擦阻力,N。

图 2-18(b)中,在均布载荷 $q_2(0)$ 作用下,距支点 O_2 距离为 y 处截面内的弯矩为:

$$M_1(y) = \lambda\gamma_s(H + d_0)(h^2 + y^2 - 2hy)/2 \tag{2-28}$$

将式(2-28)代入式(2-4),求解得到柱体的挠曲线方程:

$$\omega_1(y) = \frac{\lambda\gamma_s(H + d_0)}{2E_sI}\left(\frac{h^2y^2}{2} + \frac{y^4}{12} - \frac{hy^3}{3} + Cy + D\right) \tag{2-29}$$

此时柱体的边界条件为:

$$\begin{cases} y = 0 \text{ 时}, \omega = 0 \\ y = h \text{ 时}, \omega = 0 \end{cases} \tag{2-30}$$

结合式(2-29)和式(2-30),求解得到柱体在载荷 $q_2(0)$ 作用下的挠曲线方程:

$$\omega_1(y) = \frac{\lambda\gamma_s(H + d_0)}{2E_sI}\left(\frac{h^2y^2}{2} + \frac{y^4}{12} - \frac{hy^3}{3}\right) \tag{2-31}$$

同理,求解得到柱体在载荷 $q_2(1)$、q_3、F 作用下的挠曲线方程:

$$\omega_2(y) = \lambda\gamma_s y^2(10h^3 - 10h^2y + 5hy^2 - y^3)/(120E_sI) \tag{2-32}$$

$$\omega_3(y) = -\frac{q_3}{2E_sI}\left(\frac{h^2y^2}{2} + \frac{y^4}{12} - \frac{hy^3}{3}\right) \tag{2-33}$$

$$\omega_4(y) = - fa_1(q_1 + \gamma_r d_0)y^2(3h - y)/(6E_s I) \tag{2-34}$$

式中，f 为岩层摩擦系数，一般取 0.3。

同样，图 2-18(e)中载荷 Q 仅在柱体发生弯曲变形后才会对柱体的挠度产生影响，此时载荷 Q 在柱体内产生的弯矩大小为：

$$M_5(y) = a_1(q_1 + \gamma_r d_0)\left[\omega_1(y) + \omega_2(y) + \omega_3(y) + \omega_4(y)\right] \tag{2-35}$$

将式(2-35)代入式(2-4)，经两次积分后再根据式(2-30)最终求解出柱体在载荷 Q 作用下的挠曲线方程：

$$\omega_5(y) = \frac{a_1(q_1 + \gamma_r d_0)}{(E_s I)^2}\left[\begin{array}{l}\dfrac{\lambda\gamma_s(H + d_0)}{2}(\dfrac{h^2 y^4}{24} + \dfrac{y^6}{360} - \dfrac{hy^5}{60}) + \dfrac{\lambda\gamma_s}{120}(\dfrac{5h^3 y^4}{6} - \dfrac{h^2 y^5}{2} + \dfrac{hy^6}{6} - \dfrac{y^7}{42}) - \\[3mm] \dfrac{q_3}{24}(\dfrac{y^6}{30} - \dfrac{hy^5}{5} + \dfrac{h^2 y^4}{2}) - \dfrac{fa_1(q_1 + \gamma_r d_0)}{6}(\dfrac{hy^4}{4} - \dfrac{y^5}{20})\end{array}\right]$$

$$\tag{2-36}$$

联立式(2-31)、式(2-32)、式(2-33)、式(2-34)、式(2-36)，得到下端固定、上端自由边界条件下柱体的挠曲线方程：

$$\omega(y) = \frac{[\lambda\gamma_s(H + d_0) - q_3]y^2}{24E_s I}(y^2 - 4hy + 6h^2) + \frac{\lambda\gamma_s y^2}{120E_s I}(10h^3 - 10h^2 y + 5hy^2 - y^3) -$$

$$\frac{fa_1(q_1 + \gamma_r d_0)y^2}{6E_s I}(3h - y) + \frac{a_1(q_1 + \gamma_r d_0)}{(E_s I)^2} \cdot$$

$$\left[\begin{array}{l}\dfrac{\lambda\gamma_s(H + d_0)}{2}(\dfrac{h^2 y^4}{24} + \dfrac{y^6}{360} - \dfrac{hy^5}{60}) + \dfrac{\lambda\gamma_s}{120}(\dfrac{5h^3 y^4}{6} - \dfrac{h^2 y^5}{2} + \dfrac{hy^6}{6} - \dfrac{y^7}{42}) - \\[3mm] \dfrac{q_3}{24}(\dfrac{y^6}{30} - \dfrac{hy^5}{5} + \dfrac{h^2 y^4}{2}) - \dfrac{fa_1(q_1 + \gamma_r d_0)}{6}(\dfrac{hy^4}{4} - \dfrac{y^5}{20})\end{array}\right] \tag{2-37}$$

同理，在上端固定、下端自由的边界条件下柱体的挠曲线方程为：

$$\omega(y) = \frac{[\lambda\gamma_s(H + d_0) - q_3]}{24E_s I}(3h^4 + 2y^4 + 9h^2 y^2 - 8h^3 y - 6hy^3) +$$

$$\frac{\lambda\gamma_s h}{E_s I}(\frac{y^5}{120h} - \frac{y^4}{24} + \frac{h^2 y^2}{3} - \frac{13h^3 y}{24} + \frac{29h^4}{120}) - \frac{fa_1(q_1 + \gamma_r d_0)(h - y)^2}{6E_s I}(2h + y) + \frac{a_1(q_1 + \gamma_r d_0)}{(E_s I)^2} \cdot$$

$$\left\{\begin{array}{l}\dfrac{\lambda\gamma_s(H + d_0) - q_3}{24}(\dfrac{3h^4 y^2}{2} + \dfrac{y^6}{15} + \dfrac{3h^2 y^4}{4} - \dfrac{4h^3 y^3}{3} - \dfrac{3hy^5}{10}) + \\[3mm] \lambda\gamma_s h(\dfrac{y^7}{5\,040h} - \dfrac{y^6}{720} + \dfrac{h^2 y^4}{36} - \dfrac{13h^3 y^3}{144} + \dfrac{29h^4 y^2}{240}) - \dfrac{fa_1(q_1 + \gamma_r d_0)}{6}(h^3 y^2 + \dfrac{y^5}{20} - \dfrac{h^2 y^3}{2}) + \\[3mm] \left[-\dfrac{3\lambda\gamma_s(H + d_0) - 3q_3}{80}h^5 - \dfrac{3\lambda\gamma_s h^6}{40} + \dfrac{h^4 fa_1(q_1 + \gamma_r d_0)}{8}\right]y + \\[3mm] (\dfrac{13\lambda\gamma_s(H + d_0) - 13q_3}{1\,440} + \dfrac{\lambda\gamma_s h}{56})h^6 - \dfrac{fa_1(q_1 + \gamma_r d_0)h^5}{30}\end{array}\right\}$$

$$\tag{2-38}$$

由式(2-37)和式(2-38)可看出，在一端固定、一端自由的边界条件下，柱体挠度的主要影响因素与下端固定、上端铰支边界条件下的相同。图 2-21 和图 2-22 分别为下端固定、上端自由与下端自由、上端固定边界条件下柱体的挠度变化曲线。由图 2-21 和图 2-22 可看出：(1) 在一端固定、一端自由的边界条件下，帮部围岩挠度与其至固定端的距离呈正比关系；(2) 各参数取值均相同时，一端固定、一端自由边界条件下柱体的整体挠度远大于下端固定、上端铰支边界条件下的;(3) 柱体挠度仍与 h、H、λ 呈正比关系,而与 E_s、q_3、a_1 呈反比关系,且柱体宽度 a_1 对帮部围岩挠度的影响程度仍为最大;(4) 分选硐室帮部围岩布置及控制策略与前述相同;(5) 为实现分选硐室帮部围岩均匀协调变形,应加大对自由端帮部岩体的支护强度。

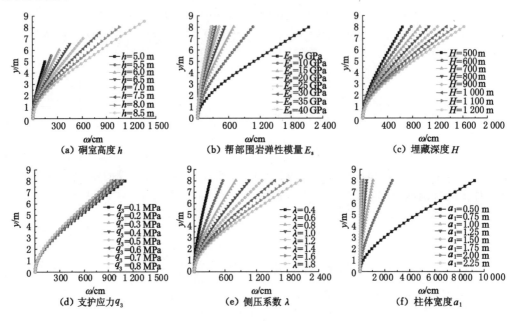

图 2-21　下端固定、上端自由条件下柱体的挠度曲线

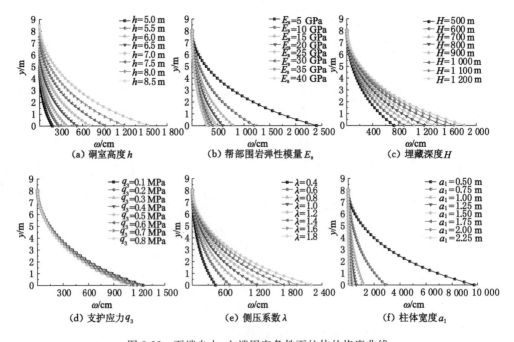

图 2-22　下端自由、上端固定条件下柱体的挠度曲线

　　图2-23所示为相似模拟实验中顶底板强度差异显著时分选硐室帮部围岩的变形破坏过程,分析可知:(1)帮部围岩变形破坏呈明显的非对称性,主要原因为强度较弱的岩体在加载过程中易于发生变形破坏,从而对帮部围岩的约束作用减弱;(2)随加载载荷的不断增大,自由端帮部围岩内层裂板结构范围逐步扩大,固定端的破坏效果并不显著,帮部围岩整体呈现出楔形破坏形态;(3)当顶底板岩体强度差异显著时,帮部围岩的变形破坏特征与所建立的一端固定、一端自由柱体力学模型基本一致,验证了理论分析结果。

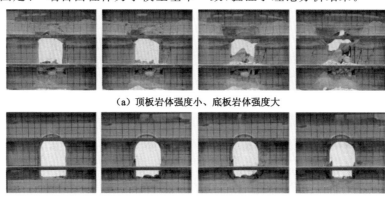

（a）顶板岩体强度小、底板岩体强度大

（b）顶板岩体强度大、底板岩体强度小

图 2-23　顶底板强度差异显著时帮部围岩的变形破坏过程

2.3.3　底板变形破坏力学分析

　　井下巷硐开掘后近自由面底板处于卸荷状态,两帮下部的底板则受到帮部围岩传递的上覆载荷作用而沿两帮塑性区发生剪切破坏,破断后的底板岩层在围岩应力挤压作用下进入塑性流动状态,进而产生向巷硐内屈曲变形[120]。分选硐室底鼓不仅直接影响井下分选系统高效运转,而且由于分选设备直接布置于底板之上,返修困难且工程量大,因此分析底板变形破坏的影响因素,揭示各因素与底板变形破坏的随动关系、提出底鼓控制方法势在必行。结合前述分析,建立了图2-24所示的底板外伸梁力学模型,图中两支座的间距为分选硐室宽度$2a$,梁外伸长度为靠近底板的帮部围岩内塑性区发育范围R_s,q_4为帮部围岩传递的线性载荷,d_2为底板外伸梁的厚度。仍然采用叠加法求解梁体的挠曲线方程,并对梁体作以下假设:(1)梁体在变形过程中性质不变;(2)梁体自重与下部岩层对其的支撑力相互抵消;(3)底鼓岩层的重力对底鼓的影响忽略不计;(4)梁体外伸端所受载荷呈对称线性分布;(5)忽略帮部围岩对梁体的水平摩擦力。

　　参照前述分析,底板外伸梁在载荷q_3作用下的挠曲线方程($0 \leqslant x \leqslant 2a$)为:

$$\omega_1(x) = \frac{1}{E_f I}\left[\frac{q_3}{24}x^4 - \frac{q_3(R_s+a)}{6}x^3 + \frac{q_3 R_s(R_s+2a)}{4}x^2 + Cx + D\right] \quad (2\text{-}39)$$

式中,E_f为底板岩层的弹性模量,GPa。

　　底板外伸梁的边界条件与式(2-7)一致,将其代入式(2-39)得到:

$$\omega_1(x) = \frac{1}{E_f I}\left[-\frac{q_3 a x^3}{6} + \frac{q_3 x^4}{24} + \frac{q_3 a^3 x}{3}\right] \quad (2\text{-}40)$$

　　以此类推,分别得到底板外伸梁在载荷q_4、q_2作用下的挠曲线方程[121]:

$$\omega_2(x) = -\frac{R_s^2\left[\gamma_r(R-0.5h) - q_3 + \gamma_s h\right]}{E_f I}\left(-\frac{x^2}{6} + \frac{ax}{3}\right) \quad (2\text{-}41)$$

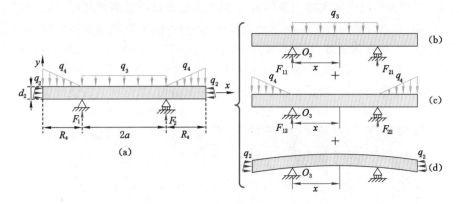

图 2-24 分选硐室底板外伸梁力学模型

$$\omega_3(x) = -\frac{\lambda\gamma_f d_2(H+d_0+h+0.5d_2)}{E_f^2 I^2} \cdot$$

$$\left\{\begin{array}{l}-\dfrac{q_3 ax^5}{120}+\dfrac{q_3 x^6}{720}+\dfrac{q_3 a^3 x^3}{18}-R_s^2\left[\gamma_r(R-0.5h)-q_3+\gamma_s h\right]\cdot \\ \left(-\dfrac{x^4}{72}+\dfrac{ax^3}{18}\right)-\dfrac{2q_3 a^5}{15}x+\dfrac{R_s^2 a^3\left[\gamma_r(R-0.5h)-q_3+\gamma_s h\right]}{9}x\end{array}\right\} \tag{2-42}$$

式中，γ_f 为底板岩层重度，kN/m^3。

联立式（2-40）至式（2-42），得到底板外伸梁的挠曲线方程：

$$\omega(x) = \frac{1}{E_f I}\left[-\frac{q_3 ax^3}{6}+\frac{q_3 x^4}{24}+\frac{q_3 a^3 x}{3}\right]-\frac{R_s^2\left[\gamma_r(R-0.5h)-q_3+\gamma_s h\right]}{E_f I}\left(-\frac{x^2}{6}+\frac{ax}{3}\right)-$$

$$\frac{\lambda\gamma_f d_2(H+d_0+h+0.5d_2)}{E_f^2 I^2}\cdot$$

$$\left\{\begin{array}{l}-\dfrac{q_3 ax^5}{120}+\dfrac{q_3 x^6}{720}+\dfrac{q_3 a^3 x^3}{18}-R_s^2\left[\gamma_r(R-0.5h)-q_3+\gamma_s h\right]\cdot \\ \left(-\dfrac{x^4}{72}+\dfrac{ax^3}{18}\right)-\dfrac{2q_3 a^5}{15}x+\dfrac{R_s^2 a^3\left[\gamma_r(R-0.5h)-q_3+\gamma_s h\right]}{9}x\end{array}\right\} \tag{2-43}$$

分析式（2-43）可知，分选硐室底板变形破坏的主要影响因素包括支护应力（q_3）、底板岩层弹性模量（E_f）、硐室宽度（$2a$）、侧压系数（λ）、埋藏深度（H）、帮部塑性区发育范围（R_s）、硐室高度（h）及底板外伸梁厚度（d_2）。继续采用控制变量法研究各影响因素取值变化对底板变形破坏的影响，各因素取值参照表 2-4 确定，得到图 2-25 所示的底板挠度变化曲线，分析可知：（1）分选硐室开挖后底板呈"凸"形破坏；（2）x 取定值时，底板挠度与 $2a$、λ、H、R_s、h 呈正比关系，而与 q_3、E_f、d_1 呈反比关系；（3）底板外伸梁厚度 d_2 及底板岩层弹性模量 E_f 对底板变形破坏的影响程度最大；（4）通过合理减小分选硐室断面尺寸、将底板布置于高强度岩层中、避免将分选硐室轴向与最大水平主应力方向垂直布置可有效降低底板的变形破坏程度；（5）通过增大分选硐室顶板与两帮围岩的支护强度，可减小顶帮围岩内塑性区的发育范围，充分发挥顶帮岩体的自承载能力，也能够显著提高底板稳定性；（6）锚注支护技术通过提升支护应力与底板岩层强度、加大底板组合梁厚度，可有效增强底鼓控制效果；（7）反底拱支护通过布置与底板挠度反向的拱形支护结构，可大幅吸收线性载荷 q_4 与水平应力 q_2 产生的变形能，从而控制底板变形；（8）通过在底板中切槽、打孔、松动爆破，可将最大支承压力转移到岩体深部,从而增强底板的承载范围,进而降低底板的屈曲变形程度。

表 2-4 底板挠度各影响因素的取值范围

变量	q_3/MPa	E_f/GPa	$2a$/m	λ	H/m	R_s/m	h/m	d_2/m
取值范围	0.1	5	5.0	0.4	500	2.0	5.0	0.50
	0.2	10	5.5	0.6	600	2.5	5.5	0.75
	0.3	15	6.0	0.8	700	3.0	6.0	1.00
	0.4	20	6.5	1.0	800	3.5	6.5	1.25
	0.5	25	7.0	1.2	900	4.0	7.0	1.50
	0.6	30	7.5	1.4	1 000	4.5	7.5	1.75
	0.7	35	8.0	1.6	1 100	5.0	8.0	2.00
	0.8	40	8.5	1.8	1 200	5.5	8.5	2.25
固定值	0.2	10	7.0	1.0	800	3.0	8.0	0.5

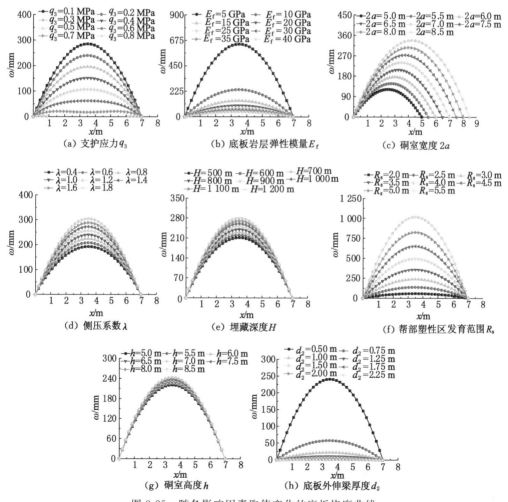

图 2-25 随各影响因素取值变化的底板挠度曲线

分选硐室底板的变形破坏过程如图 2-26 所示。由图 2-26 可看出,初始加载后底板内产生了与外伸梁平行的拉伸裂隙,持续加大载荷后,拉伸裂隙增多且不断扩展发育,最终底板发生鼓起破坏,在近自由面区域产生破碎岩块。

| (a) | (b) | (c) | (d) |

图 2-26　底板的变形破坏过程

基于前文建立的顶板变截面梁、帮部柱体以及底板外伸梁力学模型可知,为降低分选硐室围岩变形破坏程度,总体应遵循围岩强度大、空间尺寸小、断面形状优、采掘影响远、水平应力低的优化布置策略。同时,采取开掘后及时支护、加大锚杆(索)长度、提升锚杆(索)预紧力、注浆改性提高围岩强度、布置卸压孔转移支承压力的支护策略可有效降低分选硐室围岩控制难度。值得注意的是,在等强支护条件下顶底板与两帮围岩挠度均呈曲线形分布,分别存在易破坏区域,为实现围岩均匀协调变形,避免支护强度过剩,降低支护成本,可根据围岩的变形破坏特点对围岩进行针对性等强支护。即对大挠度区域加强支护,而对小挠度区域采取适当减小锚杆长度与增大锚杆间排距的方法降低支护强度,同时通过增加锚杆直径提高围岩的抗剪能力,从而分别实现横断面内顶板、帮部与底板围岩的均匀协调变形。

3　分选硐室群优化布置方式与紧凑型布局方法

分选硐室群是井下安置分级破碎、煤矸分离、煤泥水处理、煤矸运输以及供电、供水等相关设备的若干巷道与硐室的总称。优化布置分选硐室群可有效降低围岩控制难度,分选硐室群的紧凑型布局则有利于减少压煤量、降低产矸量与掘巷工程量、削弱分选系统与井下其他生产活动的交互影响。本章主要研究了分选硐室群基于断面形状、尺寸效应及开挖方式的断面优化设计方法,分析了软弱岩层厚度与层位变化对分选硐室群围岩稳定性的影响,揭示了不同类型地应力场中分选硐室群的最佳布置方式,总结了分选硐室群的主要结构特征,提出了分选硐室群紧凑型布局原则,探讨了分选硐室群的紧凑型布局方法。

3.1　分选硐室群断面优化设计方法

3.1.1　断面形状选择

为确保井下分选系统高效运行,分选硐室群各巷硐的断面形状不仅需要满足相关设备的安置与使用要求,还应有利于围岩稳定,从而降低围岩控制难度、减少支护成本。目前,涉及巷硐合理断面形状的研究较多[122-124],但主要基于特定的地质力学条件,而深部地质力学环境复杂,分选硐室又普遍具有"小宽高比"的结构特点,因此有必要深入研究不同地应力环境中断面形状对"小宽高比"巷硐围岩稳定性的影响。

选取矩形、梯形、折线拱形、直墙半圆拱形、圆弧拱形、三心拱形、半椭圆形、椭圆形、圆形共 9 种井下巷硐常用断面形状进行研究。为确保各断面形状对巷硐围岩稳定性的影响具有可比性,根据等宽高比要求与等效开挖原理[125]设计了各断面形状的具体尺寸,如图 3-1(a)所示。采用 FLAC^{3D} 软件分别建立了各断面形状硐室的平面应变薄板模型,模型整体尺寸为 70 m×1 m×80 m。在断面形状为单一变量条件下,对模型内岩体的力学参数进行均一化处理:$\rho = 2\,680\ \text{kg/m}^3$、$K = 5.6\ \text{GPa}$、$G = 3.2\ \text{GPa}$、$\varphi = 33°$、$C = 2.5\ \text{MPa}$、$\sigma_t = 1.5\ \text{MPa}$。考虑深部岩体具有强流变性,经典弹塑性本构模型无法反映岩体的力学特性变化情况,因此分选硐室附近围岩采用 Strain-Softening 本构模型[126-127],岩体相关软化系数参照软件手册选取,远场岩体因受开挖影响较小采用 Mohr-Coulomb 本构模型,数值计算遵循软件默认的收敛标准。在模型四周与底部施加法向位移约束,在模型顶部施加的均布载荷 σ_z 取 20 MPa,水平应力 σ_x 根据侧压系数 λ 的取值确定。

在建立的各数值模型中 λ 分别取 0.2、0.6、1.0、1.4、1.8、2.2、2.6、3.0、3.2,共计 81 组模拟方案。为分析硐室开挖后围岩的变形破坏特征,在围岩内布置图 3-1(b)所示的四条测线。各模拟方案开挖后围岩收敛量变化曲线如图 3-2 所示。由图 3-2 可看出:(1) 各断面形状硐室围岩收敛量随侧压系数 λ 的变化规律一致。即当 λ 由 0.2 递增至 0.6 时,顶底板收敛量逐步减小,两帮收敛量逐步增大;当 λ 由 0.6 逐步增大后,顶底板与两帮收

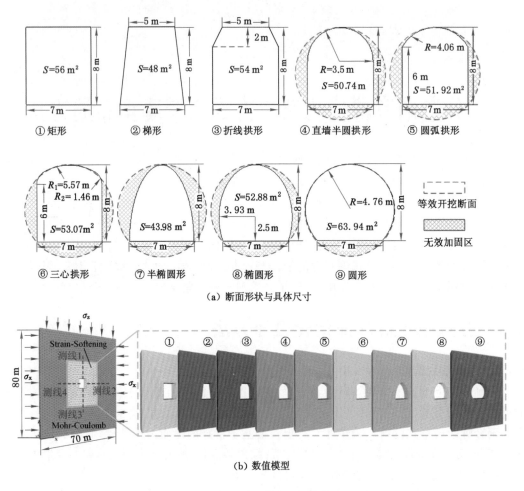

（a）断面形状与具体尺寸

（b）数值模型

图 3-1　硐室断面形状及数值模型

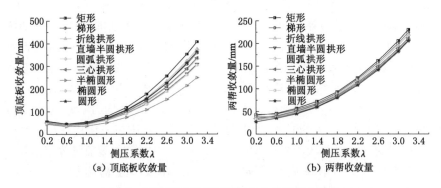

图 3-2　不同断面形状硐室围岩收敛量变化曲线

敛量均逐步增大，且增长率逐步提高。（2）λ 由 0.6 逐步增大后，各断面形状硐室顶底板收敛量的离散性逐步增强，两帮收敛量离散性基本一致。（3）等宽高比、等侧压系数条件下，矩形硐室的围岩收敛量最大，依据等效开挖原理可知主要原因为矩形硐室的等效开挖面积最大。（4）等宽高比、等侧压系数条件下，半椭圆形硐室的顶底板收敛量最小，根据前文建立的围岩简化力学模型可知原因为半椭圆形硐室实际开挖面积最小,顶板的抗弯刚度最大。(5)圆形硐室两帮收敛量最小,主要是由于圆形硐室的帮部围岩内无效加固区范围最小。

λ 为 0.2、1.0、1.8、2.6、3.2 时各断面形状硐室围岩内塑性区发育形态如图 3-3 所示,分析可知:(1)等侧压系数条件下,各断面形状硐室围岩内塑性区形态差别较为明显,主要是由于等效开挖面积与无效加固范围不同。(2)λ 取 0.2 时,围岩内塑性区呈长轴位于垂直

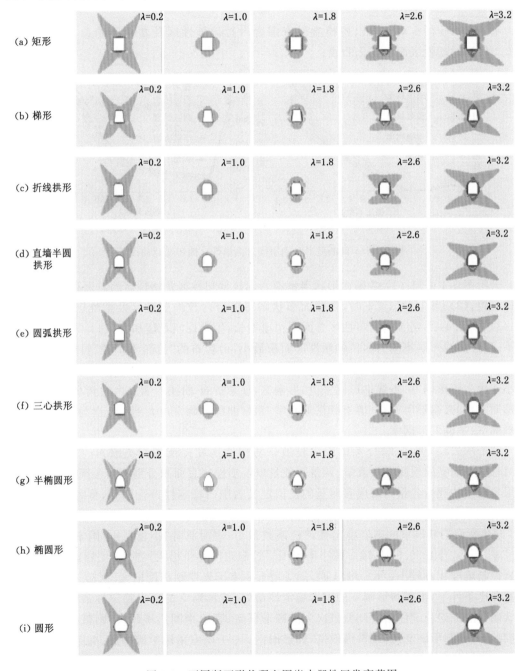

图 3-3　不同断面形状硐室围岩内塑性区发育范围

方向的"蝶形"分布；当 λ 由 0.2 递增至 1.0 时，顶底板内塑性区发育范围显著减小；λ 由 1.0 逐步增大后，顶底板内塑性区发育范围又逐步增大，至 λ 为 2.6 时，塑性区形态呈长轴位于水平方向的倒"蝶形"，λ 继续增大后，"蝶翼"的范围显著增大。（3）等宽高比、等侧压系数条件下，矩形、梯形、折线拱形以及圆形硐室围岩内塑性区发育范围显著大于其他断面的，原因为矩形、梯形、折线拱形硐室的等效开挖面积大于其他断面的，而圆形硐室的实际开挖面积最大，这表明在宽高比一致时，围岩内塑性区发育范围与等效开挖面积及实际开挖面积均呈正比关系。

通过 FISH 语言接口输出各模型硐室围岩内拉伸塑性区及塑性区的总面积，绘制出图 3-4 所示的塑性区面积变化曲线。

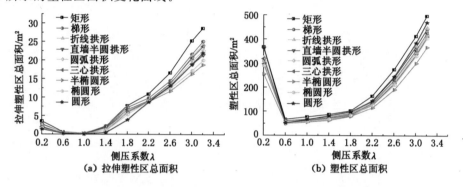

图 3-4　不同断面形状硐室围岩内塑性区面积变化曲线

分析图 3-4 可知：（1）各断面形状硐室围岩内拉伸塑性区及塑性区的总面积随 λ 的变化规律一致；（2）当 0.6≤λ≤1 时，各断面形状硐室围岩内拉伸塑性区及塑性区的总面积最小；（3）λ>1.4 后，随 λ 增大塑性区总面积快速增长，围岩控制难度加大；（4）等侧压系数条件下，顶帮曲线形硐室围岩内拉伸塑性区面积最小，由岩石的"抗压不抗拉"特性可知，此类硐室围岩控制难度最小；（5）等侧压系数条件下，顶帮折线形硐室的围岩塑性破坏范围由大到小依次为矩形硐室、折线拱形硐室、梯形硐室，顶帮折线-曲线形硐室由大到小依次为三心拱形硐室、圆弧拱形硐室、直墙半圆拱形硐室，顶帮曲线形硐室由大到小依次为圆形硐室、椭圆形硐室、半椭圆形硐室。

评价围岩稳定性应综合考虑围岩收敛量与塑性区发育范围两类因素。为此，约定将 λ＝1 时圆形硐室的顶底板收敛量、两帮收敛量以及塑性区总面积分别作为参照量，将其他断面形状硐室的相应各量与对应参照量的比值定义为围岩稳定性评价因子，将各评价因子累乘得到各方案硐室的围岩稳定性评价系数，计算结果详见表 3-1。由表 3-1 可看出：（1）λ＝0.6 时各断面形状硐室的围岩稳定性评价系数最小，表明此时"小宽高比"硐室的围岩稳定性最好。（2）当 λ<0.6 时，随 λ 减小硐室围岩控制难度逐步增大；当 0.6≤λ≤1.4 时，硐室围岩控制难度相对较小；当 λ>1.4 时，随 λ 增大硐室围岩控制难度增大。（3）等侧压系数、等宽高比条件下，半椭圆形硐室的围岩稳定性最好，矩形硐室的围岩稳定性最差，其他断面形状硐室的围岩稳定性由高到低依次为椭圆形硐室、直墙半圆拱形硐室、圆弧拱形硐室、三心拱形硐室、圆形硐室、折线拱形硐室、梯形硐室。（4）硐室采用半椭圆形、椭圆形断面虽有利于围岩控制，但实际施工难度较大，且断面利用率较低，因此上述两种断面形状均不是分选硐室群内各巷硐的最佳选择。（5）综合考虑围岩控制效果、实际施工难度以及断面利用率,折线-曲线形断面应为分选硐室群各巷硐断面形状的最佳选择。

表 3-1　各模拟方案中硐室围岩稳定性评价系数

断面形状	围岩稳定性评价系数								
	$\lambda=0.2$	$\lambda=0.6$	$\lambda=1.0$	$\lambda=1.4$	$\lambda=1.8$	$\lambda=2.2$	$\lambda=2.6$	$\lambda=3.0$	$\lambda=3.2$
矩形	5.77	0.93	1.57	3.34	7.58	24.28	76.47	201.74	313.75
梯形	4.48	0.73	1.18	2.43	5.96	18.18	57.61	153.43	240.11
折线拱形	3.99	0.66	1.14	2.41	5.80	18.43	59.49	159.26	248.83
直墙半圆拱形	3.06	0.48	0.81	1.72	4.23	12.91	41.05	111.59	176.54
圆弧拱形	3.44	0.53	0.90	1.91	4.65	14.37	46.25	125.51	197.77
三心拱形	3.80	0.58	1.00	2.15	4.96	15.41	48.67	130.67	205.52
半椭圆形	2.97	0.44	0.63	1.28	3.33	9.39	28.49	79.34	127.14
椭圆形	3.21	0.47	0.79	1.69	4.16	12.32	38.08	105.61	169.71
圆形	3.90	0.56	1.00	2.40	5.77	16.59	52.64	148.51	237.58

3.1.2　尺寸效应

围岩变形可具体分为材料变形和结构变形两类[108],材料变形包括弹性变形、塑性变形、黏性变形,结构变形包括结构面的张开及闭合、结构面的滑动变形、块状围岩的滚动变形、层状围岩的弯曲变形、软弱夹层的挤出变形、土砂围岩的挤密和松弛变形等。尺寸效应对巷硐围岩稳定性的影响也主要体现在材料变形和结构变形两个方面:围岩的弹塑性变形与巷硐断面尺寸大致呈一次线性比例关系[128],比例系数由地应力场类型和围岩力学性质共同决定;断面尺寸可改变围岩的结构类型,相同围岩条件下,巷硐断面尺寸越大,围岩结构相对越破碎;相同变形机制产生的围岩变形量会随巷硐断面尺寸的增加而增大。

仍采用平面应变模型研究尺寸效应对巷硐围岩稳定性的影响,基于"小宽高比"结构特点共设计 12 组硐室尺寸模型,详见图 3-5,硐室断面形状选取井下广泛应用的直墙半圆拱形。采用 FLAC³ᴰ软件基于各尺寸方案分别建立数值模型,模型的整体尺寸、边界条件、顶部施加载荷、本构模型选择、岩体力学参数与侧压系数 λ 的取值均与前文相同,共计 108 组模拟方案。

随 λ 取值变化各尺寸硐室围岩的收敛量变化曲线如图 3-6 所示。由图 3-6 可看出:(1)硐室宽度是顶底板收敛量的主要影响因素,且硐室宽度与顶底板收敛量正相关。(2)两帮收敛量与硐室断面积正相关,且两帮最大收敛区范围与硐室高度正相关。(3)顶底板收敛量在 λ 为 0.2~0.6 时随 λ 增大单调递减;当 λ＞0.6 时,顶底板收敛量与 λ 成正比,且增长率逐步提高。(4)两帮收敛量与 λ 成正比,且增长率逐步提高,这表明帮部围岩所受的水平应力越大稳定性越差;同时,硐室两帮收敛量在 λ 为 0.6~1.4 时大于顶底板收敛量。(5)等宽高比条件下,当 λ≤1.4 时,围岩收敛量的离散性较小;而当 λ＞1.4 时,随 λ增大,围岩收敛量的离散性逐步增强,且顶底板收敛量的离散性强于两帮。(6)若硐室宽度保持恒定,当 λ≤1 时,随硐室高度增大,顶底板收敛量不发生显著变化,两帮收敛量近似呈线性增长,这表明此时围岩收敛量控制的关键在于两帮;当 λ＞1 时,随 λ 增大,顶底板收敛

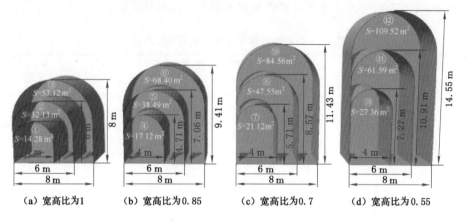

图 3-5 硐室断面尺寸设计

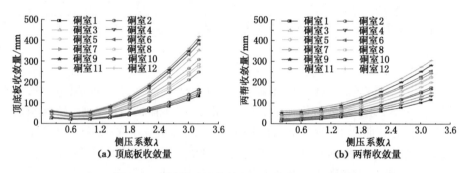

图 3-6 不同断面尺寸硐室围岩收敛量变化曲线

量的离散性强于两帮收敛量,这表明此时围岩收敛量控制的关键在于顶底板。

随 λ 取值变化各尺寸硐室围岩内拉伸塑性区与塑性区总面积的变化曲线如图 3-7 所示。由图 3-7 可看出:(1)当 $0.2 \leqslant \lambda \leqslant 1$ 时,拉伸塑性区总面积随 λ 增大单调递减;塑性区总面积随 λ 增大呈先降后增的变化规律,拐点为 $\lambda = 0.6$。(2)当 $\lambda > 1$ 时,塑性区总面积与 λ 及硐室断面尺寸均正相关,且离散性逐步增强。(3)当 $0.6 \leqslant \lambda \leqslant 1.4$ 时,硐室尺寸与围岩塑性区破坏范围大致呈一次线性关系;而在 λ 的其他取值范围内,硐室尺寸则与围岩塑性区破坏范围呈二次非线性关系。

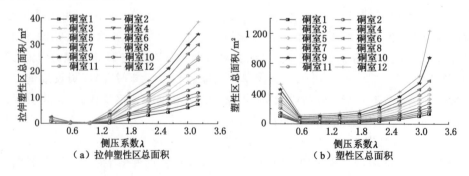

图 3-7 不同断面尺寸硐室围岩内塑性区面积变化曲线

随 λ 取值变化各尺寸硐室顶板、帮部及底板围岩内塑性区发育范围变化曲线如图 3-8 所示。由图 3-8 可看出:(1)当 0.2≤λ≤0.6 时,顶底板内塑性区发育范围与 λ 呈反比关系;当 λ>0.6 时,顶底板内塑性区发育范围与 λ 呈正比关系。(2)帮部围岩内塑性区发育范围在 λ 为 0.2~1.8 时大体与 λ 呈反比关系,在 λ 为 1.8~2.6 时与 λ 呈正比关系,而当 λ>2.6 时则基本保持恒定。(3)当 0.6≤λ≤1 时,帮部围岩内塑性区发育范围大于顶底板,而在 λ 为其他取值条件下顶底板内塑性区发育范围大于两帮。(4)硐室宽度保持恒定时,随硐室高度改变,顶底板内塑性区发育范围变化不大,这表明硐室宽度是影响顶底板内塑性区发育范围的决定因素。(5)硐室宽度保持恒定时,帮部围岩内塑性区发育范围与硐室高度呈正比关系。

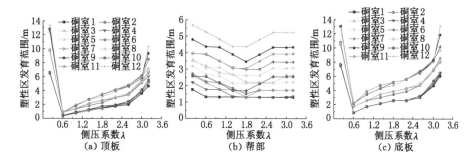

图 3-8　不同断面尺寸硐室围岩内塑性区发育范围变化曲线

综合上述分析可知,当 λ<0.6 时,分选硐室群围岩控制的关键在于顶底板,此时较小宽高比有利于围岩控制;当 0.6≤λ≤1.4 时,较大宽高比有利于提高分选硐室群围岩的稳定性;而当 λ>1.4 时,较小宽高比有利于分选硐室群围岩稳定。

3.1.3　开挖方式选择

分选硐室群内各巷硐的断面尺寸普遍较大,一般采用分步方式进行开挖,不同的分步开挖顺序将对巷硐围岩产生不同扰动影响。研究不同类型地应力场中巷硐的合理开挖方式对于改善围岩应力状态、增强围岩支护效果、实现快速掘进均具有重要意义。

依据"先顶后帮""先帮后顶""帮顶同掘"的原则并参照工程现场中综掘机截割方式,设计了图 3-9 所示的 15 组分步开挖方案,图中的序号表示开挖顺序,箭头表示综掘机的截割轨迹。

根据最大水平主应力 σ_H、最小水平主应力 σ_h、垂直主应力 σ_v 的大小关系,可将地应力场划分为三种基本类型,即 σ_v 型($\sigma_v > \sigma_H \geq \sigma_h$)、$\sigma_H$ 型($\sigma_H \geq \sigma_h > \sigma_v$)和 σ_{Hv} 型($\sigma_H > \sigma_v > \sigma_h$)[129]。康红普院士等[130]基于我国大量矿井的地应力实测数据,建立了中国煤矿井下地应力数据库,指出浅部矿井地应力场主要属 σ_H 型,千米深井地应力场主要属 σ_v 型,介于两者之间则主要属 σ_{Hv} 型。但对于深部开采矿井而言,面临的地质力学环境较为复杂,矿井具体的地应力场类型仍应根据地应力测试确定。

依据图 3-9 建立了硐室开挖方式数值计算模型,模型内硐室断面形状仍为直墙半圆拱形,尺寸为 6 m×9 m。模型中岩体力学参数、本构模型选择以及模型边界条件与前文一致,双向水平侧压系数 $\lambda_H(\sigma_H/\sigma_v)$、$\lambda_h(\sigma_h/\sigma_v)$ 的取值根据地应力场类型确定,详见表 3-2,模型中硐室轴向沿 σ_H 方向布置。在三种类型地应力场中分别采用 15 种方案开挖硐室,参照文献

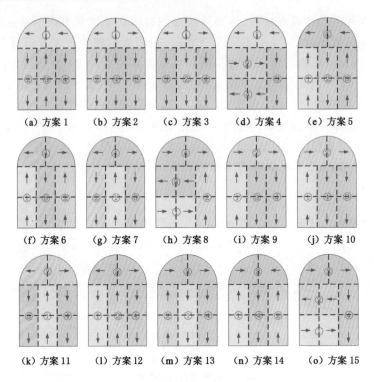

图 3-9　硐室断面开挖方案设计

[131]，每步开挖后计算相同的时步。

表 3-2　不同类型地应力场中侧压系数取值

地应力场类型	σ_v/MPa	σ_H/MPa	σ_h/MPa	λ_H	λ_h
σ_v型		20.0	12.5	0.8	0.5
σ_H型	25.0	37.5	30.0	1.5	1.2
σ_{Hv}型		37.5	12.5	1.5	0.5

　　不同的开挖顺序必然会对巷硐围岩产生不同的扰动影响，最终表现为塑性区发育范围与围岩收敛量存在显著区别。三类地应力场中各开挖方案数值计算结束后硐室围岩塑性区总面积与收敛量的变化曲线如图 3-10 所示。由图 3-10 可看出：(1) 在 σ_v 型应力场中，采用方案 5 开挖时硐室围岩内塑性区总面积最小，而采用方案 4 开挖时硐室围岩的收敛量最小；(2) 在 σ_H 型应力场中，采用方案 13 开挖时硐室围岩内塑性区总面积最小，采用方案 6 开挖时硐室的顶底板收敛量最小，而采用方案 4 开挖时硐室的两帮收敛量最小；(3) 在 σ_{Hv} 型应力场中，采用方案 14 开挖时硐室围岩内塑性区总面积最小，采用方案 4 开挖时硐室的围岩收敛量最小。

　　前述分析表明，同类地应力场中塑性区总面积与围岩收敛量的最小值均对应不同方案，为确定三类地应力场中巷硐的最佳开挖方式，仍以前文提出的围岩稳定性评价系数作为评价指标，并且以 σ_v 型应力场中方案 1 的围岩塑性区总面积、顶底板收敛量、两帮收敛量作为参照量。图 3-11 所示为各开挖方案的围岩稳定性评价系数。由图 3-11 可看出，在三类地

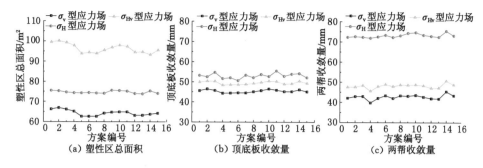

图 3-10　硐室围岩塑性区总面积与收敛量变化曲线

应力场中方案 4 的围岩稳定性评价系数均最小,这表明对于具有"小宽高比"结构特征的分选硐室群而言,在三种类型地应力场中均应采用"先顶后帮"的方式进行开挖。

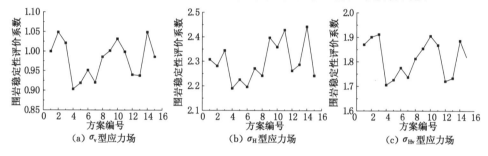

图 3-11　各开挖方案的围岩稳定性评价系数

3.2　软岩层位对分选硐室群布置的影响

分选硐室群的理想布置层位为靠近开采煤层的厚度较大的稳定岩层,但由于分选硐室群内各巷硐的高度普遍较大,并且煤系内可能并不存在此类岩层,分选硐室群自由面围岩往往由多组岩层共同构成。分选硐室群围岩的稳定性直接受控于围岩组成条件,尤其是软弱岩层(如泥岩、泥质砂岩、砂质泥岩等)的层位。

结合工程实践,硐室围岩内单一软弱岩层层位存在图 3-12 所示的 15 种情况,图中模型 1、2 主要作为对比方案,模型 3—8 用于分析厚度较大的软弱岩层层位对硐室围岩稳定性的影响,模型 9—15 则用于分析厚度较小的软弱岩层层位对硐室围岩稳定性的影响,采用相似模拟与数值模拟相结合的方法进行研究。

3.2.1　相似模拟分析

由于分选硐室群内各巷硐的轴向长度显著大于断面尺寸,适宜选用平面应变相似模型进行研究。考虑若将图 3-12 中的全部模型均进行相似模拟研究,不仅工作量庞大,而且由于实验室内平面应变模型架的数量有限,只能分批次进行实验,难以保证实验的一致性,为此挑选了具有代表性的模型 3、6、8 进行相似模拟实验,研究厚度较大的软弱岩层分别位于硐室顶板、帮部及底板时对围岩稳定性的影响,实验结果可与数值模拟结果相互验证。

3.2.1.1　相似参数确定

根据相似理论,实验模型原则上应与工程实际的每个物理量均保持相似,但实际在实验

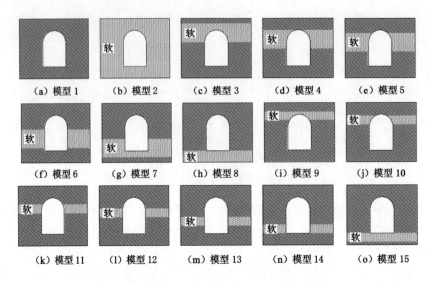

(a) 模型1 　(b) 模型2 　(c) 模型3 　(d) 模型4 　(e) 模型5

(f) 模型6 　(g) 模型7 　(h) 模型8 　(i) 模型9 　(j) 模型10

(k) 模型11 　(l) 模型12 　(m) 模型13 　(n) 模型14 　(o) 模型15

图 3-12 　单一软弱岩层不同层位模型

中难以做到每个物理量均保持相似。相关文献研究指出[132-133],地质力学模型与原型只需要满足几何与应力相似即可,即

$$F = (p,E,\sigma,\varepsilon,\delta,\gamma,\mu,L,R) = 0 \qquad (3-1)$$

式中,p 为岩体所受载荷,MPa;σ 为岩体内应力,MPa;ε 为岩体的应变;δ 为岩体的变形量,m;L 为几何尺寸,m;R 为岩体的强度,MPa。

相似理论 π 定理指出[133],约束两相似现象的基本物理方程可采用量纲分析方法转化为用相似判据 π 方程来表达的新方程,两相似系统的 π 方程必须相同,相似模型与原型需要满足:

$$(p/E)_{\mathrm{p}} = (p/E)_{\mathrm{m}} \qquad (3-2)$$

$$(\sigma/E)_{\mathrm{p}} = (\sigma/E)_{\mathrm{m}} \qquad (3-3)$$

$$(\delta/L)_{\mathrm{p}} = (\delta/L)_{\mathrm{m}} \qquad (3-4)$$

$$(R/E)_{\mathrm{p}} = (R/E)_{\mathrm{m}} \qquad (3-5)$$

$$[\sigma/(L\gamma)]_{\mathrm{p}} = [\sigma/(L\gamma)]_{\mathrm{m}} \qquad (3-6)$$

根据以上各式推导得到:

$$C_{\delta} = C_{L} \qquad (3-7)$$

$$C_{p} = C_{\sigma} = C_{E} = C_{R} = C_{L}C_{\gamma} \qquad (3-8)$$

式中,C_{L} 为几何相似比;C_{γ} 为重度相似比;C_{δ} 为变形量相似比;C_{p} 为载荷相似比;C_{σ} 为应力相似比;C_{E} 为弹性模量相似比;C_{R} 为强度相似比。

(1) 几何相似比

由于相似材料选取困难,本次实验主要考虑几何、重度、强度相似。几何相似比根据硐室实际尺寸、平面应变模型架尺寸及边界效应影响综合确定。本次实验无具体工程背景,基于分选硐室结构特点,设计地质模型中硐室的断面形状为直墙半圆拱形,尺寸为 6 m×9 m,软弱岩层的厚度为 5 m。综合评估后确定模型的几何相似比 C_{L} 为 50,即相似模型中硐室的尺寸为 12 cm×18 cm,软弱岩层厚度为 10 cm,3 组相似模型如图 3-13 所示。

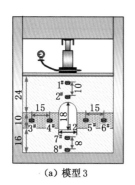 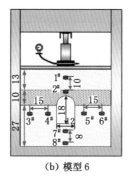 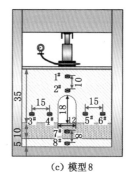

(a) 模型3　　　　　　(b) 模型6　　　　　　(c) 模型8

图 3-13　软弱岩层层位与土压力盒布置示意(单位:cm)

（2）重度相似比

模型的重度相似比 C_γ 需要根据岩体的实际重度与相似材料的重度计算确定。工程上将单轴抗压强度小于 25 MPa 的岩石定义为软岩[134]，参照文献[135-136]选定了地质模型中岩体的物理力学参数，详见表 3-3。已知软弱岩层的重度为 24.6 kN/m³，由后续相似材料配比实验可知软岩相似材料的平均重度为 16.6 kN/m³，确定重度相似比 C_γ 为 1.48。

表 3-3　地质模型中岩层的物理力学参数

岩层类别	$\rho/(kg/m^3)$	E/GPa	μ	$\varphi/(°)$	C/MPa	σ_c/MPa	σ_t/MPa
软岩	2 460	6.4	0.26	30	1.2	18	0.58
其他围岩	2 630	10.1	0.20	38	6.0	83	2.50

（3）强度相似比

根据式(3-8)求解确定模型的强度相似比 C_R、应力相似比 C_σ 均为 74。根据 C_R 计算确定相似模型中软岩及其他围岩的单轴抗压强度分别为 0.24 MPa、1.12 MPa。

（4）应力相似边界条件

本研究背景为深部开采，设计相似模型顶部对应埋深为 1 000 m，根据应力相似比 C_σ 计算确定实验中模型顶部加载载荷由 0 逐步增至 0.35 MPa。

3.2.1.2　相似材料选择

铺设相似模型前需要先进行相似材料配比实验。根据前人对相似材料的研究和应用[137]，设计采用河砂、碳酸钙、水泥、石膏和水配置岩层相似材料，其中经 2 mm 标准筛筛分后的河沙为骨料，石膏和水泥为胶结料，碳酸钙为降低强度成分。水泥采用普通硅酸盐水泥，强度等级为 C42.5。参考文献[137]，设计了表 3-4 所示的 6 组配比方案。

表 3-4　相似材料配比方案

方案号	配比号	参照强度 /MPa	实测密度 /(kg/m³)	河沙质量 /kg	碳酸钙质量 /kg	水泥质量 /kg	石膏质量 /kg	水含量
1	773	0.07	1 660	0.40	0.12		0.05	1/9
2	737	0.14	1 925	0.46	0.06		0.14	1/9

表 3-4(续)

方案号	配比号	参照强度/MPa	实测密度/(kg/m³)	河沙质量/kg	碳酸钙质量/kg	水泥质量/kg	石膏质量/kg	水含量
3	337	0.28	2 009	0.21	0.14		0.34	1/7
4	937	1.23	1 866	0.58		0.02	0.04	1/9.5
5	773	1.55	1 955	0.49		0.19	0.06	1/16
6	837	2.06	2 024	0.56		0.04	0.10	1/11

采用模具将各配比材料制作成大小为 70 mm×70 mm×70 mm 的立方体试件,为降低实验数据的离散性,每组配比方案均制作了 3 块试件。所有试件脱模后先自然干燥 1 d 再放入 40 ℃烘箱,质量保持恒定后取出测量各相似材料的平均密度,结果已列于表 3-4 中。采用刚性实验机测试试件的单轴抗压强度,加载速度为 0.5 mm/min,各配比试件的单轴压缩破坏状态如图 3-14 所示。

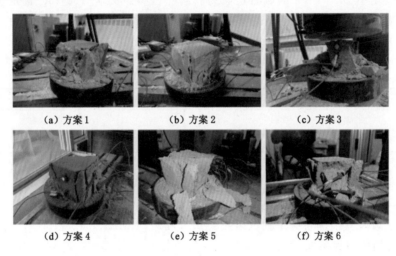

(a) 方案 1 　　　　(b) 方案 2 　　　　(c) 方案 3

(d) 方案 4 　　　　(e) 方案 5 　　　　(f) 方案 6

图 3-14　各配比试件的单轴压缩破坏状态

各配比试件的单轴压缩应力-应变曲线如图 3-15 所示。根据 3 块试件单轴抗压强度的平均值确定各配比材料的单轴抗压强度依次为 0.22 MPa、0.61 MPa、1.03 MPa、0.53 MPa、4.02 MPa、1.35 MPa,对比表 3-4 可看出,配比试件的单轴抗压强度与参照强度差异较大。根据强度相似比要求,决定选用配比号为 773 的相似材料模拟软岩,选用配比号为 837 的相似材料模拟硐室其他围岩。

3.2.1.3　实验平台选择

实验选用中国矿业大学平面应变模型实验平台,如图 3-16 所示,实验平台由框架、透视挡板(厚度 100 mm 的有机玻璃板,配有加强筋)和加载装置共同构成,框架和透视挡板可对模型四周与底部进行位移固定。模型尺寸为 0.6 m×0.1 m×0.5 m(长×宽×高)。加载系统通过液压千斤顶对模型顶部施加垂直载荷以模拟上覆岩层压力,载荷通过液压枕读数换算确定。

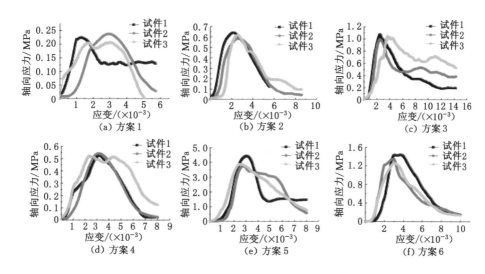

图 3-15 各配比试件的单轴压缩应力-应变曲线

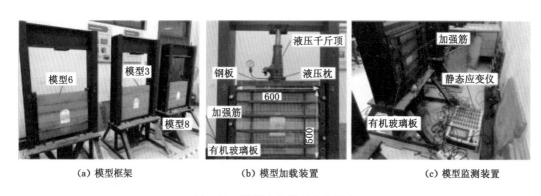

图 3-16 平面应变模型实验平台

3.2.1.4 实验监测方法

在各相似模型内均布置 8 个土压力盒,用以监测硐室开挖后围岩内应力场的演化规律,土压力盒具体位置如图 3-13 所示。通过在各相似模型表面绘制网格监测围岩的变形破坏情况。

3.2.1.5 实验结果分析

选取 1#、3#、8# 土压力盒的应力监测结果分析三组相似模型内硐室开挖后围岩垂直应力的变化情况,结果如图 3-17 所示。分析图 3-17 可知:(1) 在各加载阶段内,模型 3 与模型 6 中 1# 土压力盒测得的垂直应力始终低于加载载荷,且垂直应力和加载载荷的差值与加载载荷呈正比关系,这表明在第 I 加载阶段内该区域围岩就已发生塑性破坏,并且随加载载荷增大围岩的破坏程度逐步加剧;(2) 在第 I 加载阶段内,模型 8 中 1# 土压力盒所在区域围岩稳定,基本处于原岩应力状态,但进入第 II 加载阶段后,该区域围岩发生了塑性破坏;(3) 根据各加载阶段 1# 土压力盒的监测数据分析可知,硐室顶板的变形破坏程度由大到小依次为模型 3、模型 6、模型 8;(4) 在各加载阶段内,三组模型中 3# 土压力盒附近围岩均未发生塑性破坏,由垂直应力集中系数可判定帮部围岩的破坏程度由大到小依次为模型 6、模型 3、模型 8;(5) 在各加载阶段内,三组模型中 8# 土压力盒测得的垂直应力均低于加载载荷,这表明该区域均发生了塑性破坏,根据垂直应力监测结果分析可知硐室底板的变形破坏程度由大到小依次为模型6、模型8、模型3。

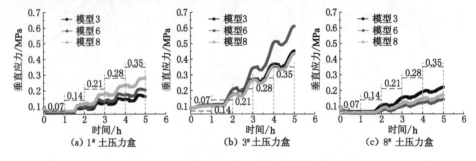

图 3-17　各加载阶段硐室围岩垂直应力监测结果

在各硐室顶板、帮部及底板内的相同位置布置观测点,监测硐室开挖后围岩位移的演化规律,结果见图3-18。由图3-18可看出:(1)软弱岩层位置为硐室围岩最大位移量所在区域;(2)加载载荷自0.14 MPa持续增大后,围岩位移量的增长率显著提高;(3)在相同加载条件下,顶板位移量由大到小依次为模型3、模型6、模型8,帮部位移量由大到小依次为模型6、模型8、模型3,底板位移量由大到小依次为模型8、模型3、模型6。

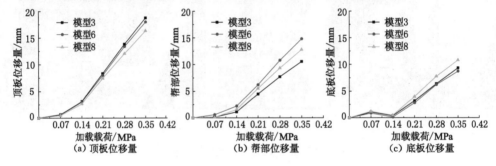

图 3-18　各加载阶段硐室围岩位移监测结果

各加载阶段内硐室围岩的变形破坏情况如图3-19所示。由图3-19可看出,各模型内软弱岩层破坏情况均较为明显,并且软弱岩层分别处于顶板、帮部及底板时的变形破坏过程以及邻近软弱岩层围岩的变形破坏过程均与前文理论分析一致;另外,可直观地看出,在相同的加载条件下硐室围岩的变形破坏程度由大到小依次为模型3、模型6、模型8。

综合硐室围岩垂直应力、位移的演化规律以及围岩的变形破坏情况,确定沿软弱岩层布置硐室底板时围岩稳定性最好。

3.2.2　数值模拟分析

参照图3-12建立了15组平面应变数值模型,模型尺寸与边界条件、软弱岩层厚度与层位如图3-20所示,其中,模型3—8中软弱岩层厚度为5 m,模型9—15中软弱岩层厚度为2 m。模型内岩体的力学参数参照表3-3取值,数值计算遵循软件默认收敛标准。在模型顶部施加25 MPa的垂直应力,水平应力大小由侧压系数λ的取值决定,λ分别取0.6、1.0、1.4、1.8,共计60组模拟方案。

不同侧压系数条件下硐室围岩内塑性区面积变化曲线如图3-21所示。由图3-21可看出:(1)拉伸塑性区及塑性区的总面积均与软弱岩层厚度正相关;(2)软弱岩层厚度为5 m,

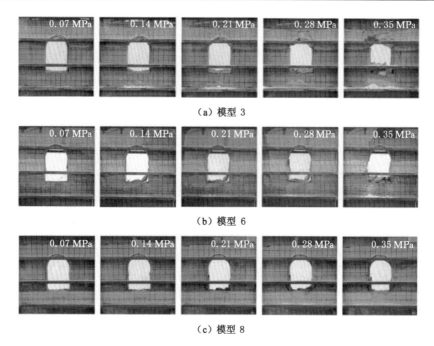

(a) 模型 3

(b) 模型 6

(c) 模型 8

图 3-19 各加载阶段硐室围岩的破坏形态

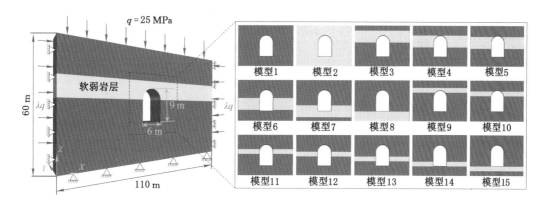

图 3-20 软弱岩层不同层位数值模型

当 $0.6 \leqslant \lambda \leqslant 1.4$ 时,模型 8 中硐室围岩内拉伸塑性区及塑性区的总面积最小,这表明 λ 为 $0.6 \sim 1.4$ 时沿软弱岩层布置硐室底板最有利于减小围岩塑性破坏范围;(3) 软弱岩层厚度为 5 m,当 $\lambda > 1.4$ 时,模型 6 中硐室围岩内拉伸塑性区及塑性区的总面积最小,结合前文研究可知,当 $\lambda < 0.6$ 或 $\lambda > 1.4$ 时沿软弱岩层布置硐室帮部最有利于减小围岩塑性破坏范围;(4) 软弱岩层厚度为 2 m,当 $0.6 \leqslant \lambda \leqslant 1.4$ 时,模型 14 中硐室围岩内拉伸塑性区及塑性区的总面积最小,这表明此时软弱岩层位于硐室近底板的帮部最有利于减小围岩塑性破坏范围;(5) 软弱岩层厚度为 2 m,当 $\lambda > 1.4$ 时,软弱岩层位于帮部正中围岩的塑性破坏范围最小。

硐室围岩收敛量变化曲线如图 3-22 所示。由图 3-22 可看出:(1) 软弱岩层位置即硐室围岩最大变形区域;(2) 当软弱岩层处于底板时,顶底板收敛量最大;(3) 两帮收敛量与 λ 呈正比关系;(4) 软弱岩层厚度为 5 m 且 $\lambda = 0.6$ 时,软弱岩层的位置对顶底板收敛量影响不

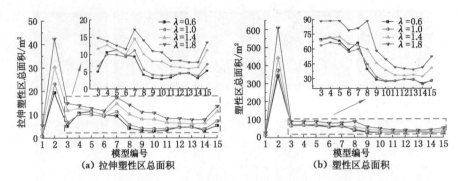

图 3-21　不同侧压系数条件下硐室围岩内塑性区面积变化曲线

大;(5)软弱岩层厚度为 5 m,λ 为 0.6～1 时模型 7 中软弱岩层的位移量最小,而当 λ≥1.4 时模型 6 中软弱岩层的位移量最小;(6)软弱岩层厚度为 2 m,λ 为 0.6～1 时模型 14 中软弱岩层的位移量最小,而当 λ≥1.4 时模型 12 中软弱岩层的位移量最小。

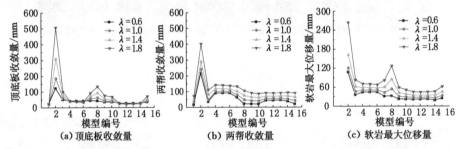

图 3-22　不同侧压系数条件下硐室围岩收敛量变化曲线

　　基于前述分析可知,在等侧压系数、等软弱岩层厚度条件下,塑性区发育范围最小模型与围岩收敛量最小模型并不完全一致,为此仍以围岩稳定性评价系数作为最优布置方案评价指标,并且在计算围岩稳定性评价系数时额外考虑将软弱岩层的最大位移量作为一个评价因子。以 λ=1 时模型 3 的相应各量作为参照量,计算得到各方案的围岩稳定性评价系数,见图 3-23。

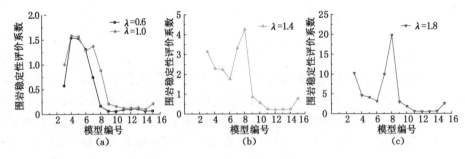

图 3-23　各开挖方案的围岩稳定性评价系数

　　根据图 3-23 可知,若软弱岩层厚度较大,当 0.6≤λ≤1 时,沿软弱岩层布置分选硐室底板最有利于围岩稳定,而当 λ>1 时,沿软弱岩层布置分选硐室的帮部围岩稳定性最佳;若软弱岩层厚度较小,当 0.6≤λ≤1 时,沿软弱岩层布置分选硐室近底板帮部最有利于围岩稳定,而当 $\lambda>1$ 时,沿软弱岩层布置分选硐室近顶板帮部围岩稳定性最佳;结合前文研究可知,当 $\lambda<0.6$ 时,围岩塑性区发育范围逐渐呈"蝶形"分布,顶底板内塑性区发育范围显著增大,此时分选硐室的最佳布置方案应与 $\lambda>1$ 时的一致。

3.3 地应力场对分选硐室群布置的影响

分选硐室群内各巷硐普遍具有轴向长度显著大于断面尺寸的结构特点,因此布置各巷硐时应当考虑水平应力的影响。前文通过理论分析与数值模拟研究得出水平应力越大巷硐围岩稳定性越差的结论,但实际巷硐围岩(除自由面)处于三向应力状态,因此无法根据前述结论确定不同类型地应力场中分选硐室群内各巷硐的最佳布置方式。

目前,有关水平应力对巷道围岩稳定性影响的研究较多,其中以澳大利亚学者 W. J. Gale 等[138] 提出的最大水平应力理论应用最广。该理论提出背景为最大水平主应力为第一主应力,指出:(1)当巷道轴向与最大水平主应力方向平行时,围岩受主应力影响最小,最有利于巷道维护;(2)当巷道轴向与最大水平主应力方向垂直时,围岩受主应力影响最大,对巷道顶底板稳定最不利;(3)当巷道轴向与最大水平主应力方向斜交时,顶底板变形破坏将偏向巷道某一侧。近年来,有学者[129,139]基于围岩法向应力均衡与最大切应力理论,提出巷道轴向并非只有与最大水平主应力方向平行才最有利于围岩稳定、不同类型的地应力场中巷道的最佳布置方式各不相同的观点。也有学者[140]指出,在自重应力场中,巷道轴向平行或垂直最大水平主应力方向布置均有利于围岩稳定;在构造应力场中,当两向侧压系数相等时巷道轴向与最大水平主应力方向的最优夹角为 0°、45°、90°,当两向侧压系数不等时巷道布置应遵循最大水平应力理论。因此,目前有关最大水平应力理论在自重应力场中是否适用、自重应力场中巷道轴向垂直于最大水平主应力方向布置是否有利于围岩稳定、等侧压构造应力场中是否存在多个巷道最佳布置角度等问题尚未形成统一结论。

3.3.1 巷硐围岩最大主应力分布特征

3.3.1.1 应力壳的时空演化规律

谢广祥等[141-142]研究指出,在巷硐围岩最大主应力场内存在由高应力束组成的宏观应力壳,应力壳外侧围岩逐步趋于原岩应力状态,内侧围岩及巷硐则处于应力降低区,由于围岩剧烈位移和破坏均发生于应力降低区,巷硐围岩应力分布与变形破坏范围均受控于应力壳形态及其演化规律。

上述研究分析了应力壳对巷硐围岩的控制作用,但有关应力壳的时空演化规律及其对围岩塑性区发育范围的影响仍需进行深入研究。为此,采用 FLAC³ᴰ 软件建立了图 3-24 所示的数值模型,模型中硐室断面尺寸为 $8\ m\times8\ m$,轴向长度为 15 m。模型内岩体力学参数取值、本构模型选择仍与前文相同。为模拟深部开采条件,在模型顶部施加均布载荷(大小为 20 MPa),并在模型的四周与底部施加法向位移约束。考虑硐室开掘后径向水平应力在顶底板内集中、垂直应力在帮部集中,为显示应力壳的环状分布效果以便于分析研究,两向水平侧压系数均取 1。采用分阶段无支护形式开挖硐室,每阶段开挖 3 m,共分为 5 个开挖阶段,每阶段开挖后的数值计算仍遵循默认收敛标准。

图 3-25 所示为硐室各开挖阶段结束后围岩内应力壳形态与塑性区发育范围。由图 3-25 可看出:(1)围岩应力壳呈"两头小、中间大"的椭球体分布,随硐室开挖,应力壳中

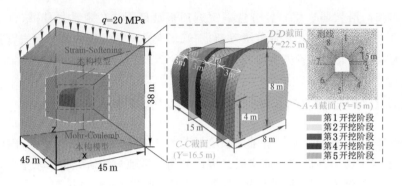

图 3-24 硐室全断面分步开挖数值模型

部逐步向围岩深部移动;(2) 随硐室开挖,围岩内塑性区发育范围亦在不断增大,但塑性区始终处于应力壳的包裹中;(3) B-B 截面内塑性区边界位置与同径向最大主应力峰值(σ_{1imax})点保持一定的距离,局部非充分发育塑性区边界紧邻同径向 σ_{1imax} 点;(4) 塑性区发育与应力壳运移存在一致性,随塑性区发育范围不断扩大,应力壳同步向岩体深部转移,当塑性区发育范围趋于稳定后,应力壳亦固定处于围岩内某一区域。

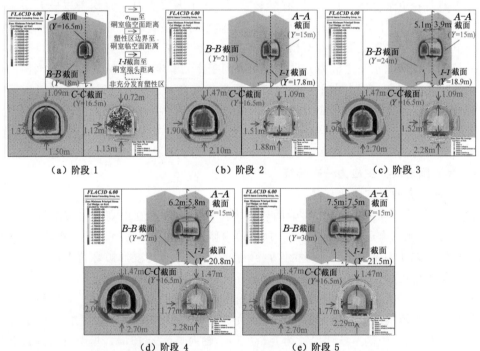

（a）阶段 1　　　　　（b）阶段 2　　　　　（c）阶段 3

（d）阶段 4　　　　　（e）阶段 5

图 3-25 硐室围岩内应力壳与塑性区演化规律

3.3.1.2 应力壳对塑性区发育的影响

基于塑性区发育与应力壳运移的一致性,约定将塑性区边界位置对应的最大主应力值 σ_{1i} 与同径向最大主应力峰值 σ_{1imax} 之比定义为边界应力系数 C_b,见式(3-9)[47],C_b 值可为判定围岩塑性区发育范围提供定量依据。

$$C_b = \frac{\sigma_{1i}}{\sigma_{1imax}} \qquad (3\text{-}9)$$

为确定 C_b 值,利用 FISH 语言接口将各阶段模型信息输入 Tecplot 软件,分别得到 $B\text{-}B$ 截面内最大主应力分布数据,如图 3-26 所示。结合图 3-25 和图 3-26,可确定各开挖阶段硐室帮部、顶板及底板内塑性区边界位置的 σ_{1i} 值与同径向的 σ_{1imax} 值,列于各曲线下方。A_{x0}、B_{x0}、$C_{x0}(1 \leqslant x \leqslant 5)$ 分别为阶段 x 内帮部、顶板及底板内塑性区边界位置的 σ_{1i} 值,A_{x1}、B_{x1}、C_{x1} 分别为同径向的 σ_{1imax} 值。将图 3-26 中的相关数据代入式(3-9)进行计算,并对计算结果进行均值处理,得出硐室帮部、顶板及底板内 C_b 值分别为 0.95、0.97、0.97,差异性较小,验证了应力壳运移与围岩塑性区发育范围确实存在一定的关联性。将上述结果进行均值处理,最终确定应力壳的边界应力系数 C_b 值约为 0.96。

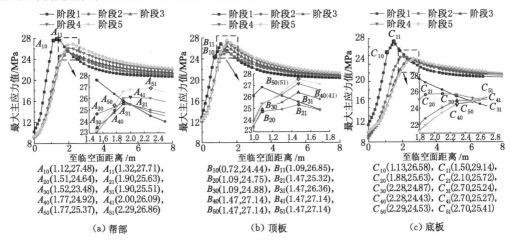

$A_{10}(1.12,27.48)$, $A_{11}(1.32,27.71)$,
$A_{20}(1.51,24.64)$, $A_{21}(1.90,25.63)$,
$A_{30}(1.52,23.48)$, $A_{31}(1.90,25.51)$,
$A_{40}(1.77,24.92)$, $A_{41}(2.00,26.09)$,
$A_{50}(1.77,25.37)$, $A_{51}(2.29,26.86)$

（a）帮部

$B_{10}(0.72,24.44)$, $B_{11}(1.09,26.85)$,
$B_{20}(1.09,24.75)$, $B_{21}(1.47,25.32)$,
$B_{30}(1.09,24.88)$, $B_{31}(1.47,26.36)$,
$B_{40}(1.47,27.14)$, $B_{41}(1.47,27.14)$,
$B_{50}(1.47,27.14)$, $B_{51}(1.47,27.14)$

（b）顶板

$C_{10}(1.13,26.58)$, $C_{11}(1.50,29.14)$,
$C_{20}(1.88,25.63)$, $C_{21}(2.10,25.72)$,
$C_{30}(2.28,24.87)$, $C_{31}(2.70,25.24)$,
$C_{40}(2.28,24.43)$, $C_{41}(2.70,25.27)$,
$C_{50}(2.29,24.53)$, $C_{51}(2.70,25.41)$

（c）底板

图 3-26　各开挖阶段围岩内最大主应力分布曲线

3.3.2　不同地应力场中巷硐合理布置方式

3.3.2.1　数值模拟方案设计

仍然采用数值模拟方法研究不同地应力场中巷硐的合理布置方式。选取不同的双向侧压系数 λ_H、λ_h,将三类地应力场分别细划为 6、6、9 组子应力场,见表 3-5 至表 3-7。在各子应力场中分别考虑硐室轴向与 σ_H 方向所呈夹角 α 为 0°、15°、30°、45°、60°、75°、90°的不同情况,并且在 σ_{Hv} 型应力场中额外考虑文献[129,143]提出的最优布置夹角 α_0,α_0 由式(3-10)计算确定,共计 151 组数值模拟方案。

表 3-5　σ_v 型应力场中子应力场分类

子应力场编号	σ_v/MPa	σ_H/MPa	σ_h/MPa	λ_H	λ_h
σ_{v1}		10	10	0.5	0.5
σ_{v2}		16	10	0.8	0.5
σ_{v3}	20	16	16	0.8	0.8
σ_{v4}		20	10	1.0	0.5
σ_{v5}		20	16	1.0	0.8
σ_{v6}		20	20	1.0	1.0

表 3-6 σ_H 型应力场中子应力场分类

子应力场编号	σ_v/MPa	σ_H/MPa	σ_h/MPa	λ_H	λ_h
σ_{H1}		24	24	1.2	1.2
σ_{H2}		30	24	1.5	1.2
σ_{H3}	20	30	30	1.5	1.5
σ_{H4}		36	24	1.8	1.2
σ_{H5}		36	30	1.8	1.5
σ_{H6}		36	36	1.8	1.8

表 3-7 σ_{Hv} 型应力场中子应力场分类

子应力场编号	σ_v/MPa	σ_H/MPa	σ_h/MPa	λ_H	λ_h	α_0/(°)
σ_{Hv1}		24	10	1.2	0.5	57.7
σ_{Hv2}		24	16	1.2	0.8	45.0
σ_{Hv3}		24	20	1.2	1.0	0
σ_{Hv4}		30	10	1.5	0.5	45.0
σ_{Hv5}	20	30	16	1.5	0.8	32.3
σ_{Hv6}		30	20	1.5	1.0	0
σ_{Hv7}		36	10	1.8	0.5	38.3
σ_{Hv8}		36	16	1.8	0.8	26.5
σ_{Hv9}		36	20	1.8	1.0	0

$$\alpha_0 = \frac{1}{2}\arccos\frac{\sigma_H + \sigma_h - 2\sigma_v}{\sigma_H - \sigma_h} \qquad (3\text{-}10)$$

基于各模拟方案,采用 FLAC^{3D} 软件分别建立了图 3-27 所示的数值模型,各模型中 σ_v 取固定值 20 MPa,σ_H、σ_h 参照表 3-5 至表 3-7 选取。模型的边界条件、岩体的力学参数、本构模型、数值计算遵循的收敛标准与前述相同,仍采用无支护方式开挖各模型内的硐室。

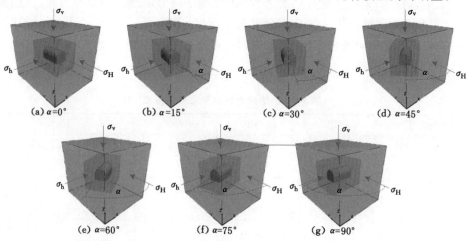

图 3-27 α 为不同角度时的数值模型

前述各模拟方案数值计算结束后,利用 FISH 语言接口将模型信息输入 Tecplot 软件,分别在硐室中部的 D-D 截面布置图 3-24 所示的 8 条测线,可得到围岩最大位移量及最大主应力分布曲线,进而依据边界应力系数 C_b 可确定塑性区的发育范围。为便于分析,作如下约定:令 P_1、P_3、P_5、P_7 分别为顶板、右帮、底板及左帮内塑性区发育范围的变化系数,D_1、D_3、D_5、D_7 分别为顶板、右帮、底板及左帮的最大位移量变化系数。将三向等压应力场 σ_{v6} 中 α 为 0°时硐室开挖后围岩相应位置的最大位移量及内部塑性区发育范围作为参照量,则 P_1 为各模拟方案中顶板内塑性区发育范围与对应参照量的比值,D_1 为顶板的最大位移量与对应参照量的比值,P_3、P_5、P_7、D_3、D_5、D_7 的计算方法依次类推。将各模拟方案的 8 个变化系数累乘得到围岩稳定性综合评价系数 S,即

$$S = \prod P_m \cdot D_m (m \in [1,3,5,7]) \tag{3-11}$$

可知 S 值越小表明巷硐围岩的稳定性越好,S 值越大代表巷硐围岩的稳定性越差。因此,可根据 S 值判定不同类型地应力场中巷硐的最佳布置方式。

3.3.2.2 数值模拟结果分析

(1) σ_v 型应力场

σ_v 型应力场中硐室开挖后围岩的最大位移量及内部塑性区发育范围如图 3-28 所示。由图 3-28 可看出:(1) 当 $\lambda_H = \lambda_h$ 时,塑性区发育范围与最大位移量随 α 变化的波动性不强;(2) 等侧压应力场中,随侧压系数增大,顶底板的最大位移量及内部塑性区发育范围均呈先减小后增大趋势,帮部塑性区发育范围变化不大,但最大位移量逐步增大;(3) 若 $\lambda_H \neq \lambda_h$,则最大位移量与 α 呈正比关系,且当 $\alpha = 0°$ 时塑性区发育范围及最大位移量均与 λ_h 值等侧压应力场接近,当 $\alpha = 90°$ 时塑性区发育范围及最大位移量均与 λ_H 值等侧压应力场接近;(4) 当 $\lambda_H \neq \lambda_h$ 时,若 λ_h 恒定,随 λ_H 增大,塑性区发育范围与最大位移量整体增大,且帮部最大位移量随 α 变化的离散型增强;(5) 当 $\lambda_H \neq \lambda_h$ 时,若 λ_H 恒定,随 λ_h 增大,塑性区发育范围与最大位移量随 α 变化的离散性逐步减弱。

根据前述约定,分别求解 σ_v 型应力场中 42 组模拟方案的 S 值,结果列于表 3-8。由表 3-8 可看出:(1) 当 $\lambda_H = \lambda_h$ 时,α 为 45°时 S 值最小,表明此时硐室围岩稳定性最好;(2) λ_H 越大、λ_H 与 λ_h 差值越大时,随 α 增大,S 值越大,硐室围岩稳定性越差;(3) 当 $\lambda_H \neq \lambda_h$ 时,S 与

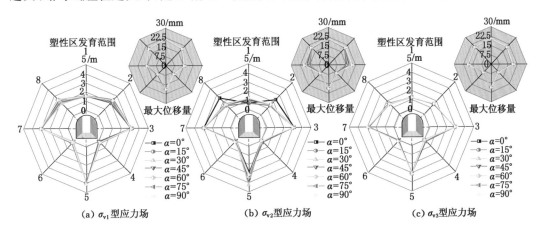

图 3-28 σ_v 型应力场中围岩的最大位移量及内部塑性区发育范围

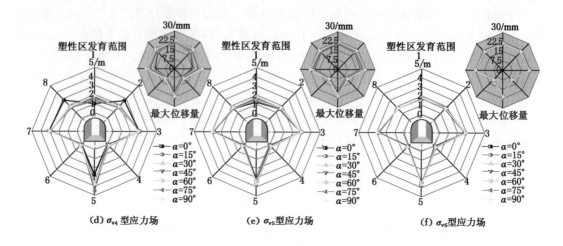

(d) σ_{v4}型应力场   (e) σ_{v5}型应力场   (f) σ_{v6}型应力场

图 3-28(续)

α 呈正比关系,表明此时硐室布置应遵循最大水平应力理论。

表 3-8 σ_v型应力场中各模拟方案的 S 值

子应力场编号	S 值						
	$\alpha=0°$	$\alpha=15°$	$\alpha=30°$	$\alpha=45°$	$\alpha=60°$	$\alpha=75°$	$\alpha=90°$
σ_{v1}	0.50	0.46	0.44	0.45	0.48	0.49	0.51
σ_{v2}	0.15	0.18	0.35	0.36	0.44	0.44	0.47
σ_{v3}	0.40	0.39	0.38	0.36	0.39	0.39	0.41
σ_{v4}	0.22	0.51	0.60	0.89	1.18	1.33	1.43
σ_{v5}	0.40	0.50	0.59	0.71	0.88	1.01	1.15
σ_{v6}	1.00	0.95	0.95	0.92	1.00	1.01	1.09

(2) σ_H型应力场

图 3-29 为 σ_H型应力场中硐室开挖后围岩的最大位移量及内部塑性区发育范围的雷达图。由图 3-29 可看出:(1) 当 $\lambda_H=\lambda_h$时(子应力场 σ_{H1}、σ_{H3}、σ_{H6}),围岩塑性区发育范围与最大位移量随 α 变化的波动性不强,这表明此时 α 不是影响围岩变形破坏的主因;(2) 若 $\lambda_H=\lambda_h$,则塑性区发育范围及最大位移量均与侧压系数呈正比关系,这表明等侧压应力场中侧压系数越大,围岩稳定性越差;(3) 当 $\lambda_H\neq\lambda_h$时(子应力场 σ_{H2}、σ_{H4}、σ_{H5}),围岩最大位移量、顶底板内塑性区发育范围均与 α 呈正比关系,且当 $\alpha=0°$时塑性区发育范围及最大位移量均与 λ_h值等侧压应力场接近,而当 $\alpha=90°$时则与 λ_H值等侧压应力场接近;(4) 当 $\lambda_H\neq\lambda_h$时,若 λ_h保持恒定,随 λ_H增大,帮部塑性区发育范围在 α 为 0°~45°范围内呈减小趋势,在其他区域均增大;(5) 当 $\lambda_H\neq\lambda_h$时,若 λ_H恒定,随 λ_h增大,顶底板内塑性区发育范围变化不大,帮部塑性区发育范围显著增大,且与 α 呈正比关系。

表 3-9 所列为 σ_H型应力场中各模拟方案的 S 值。由表 3-9 可知:(1) 若 $\lambda_H=\lambda_h$,则当 0°$\leqslant\alpha\leqslant$30°时,S 与 α 呈反比关系,当 30°$<\alpha\leqslant$90°时,S 与 α 呈正比关系,因此当 $\alpha=$30°时硐

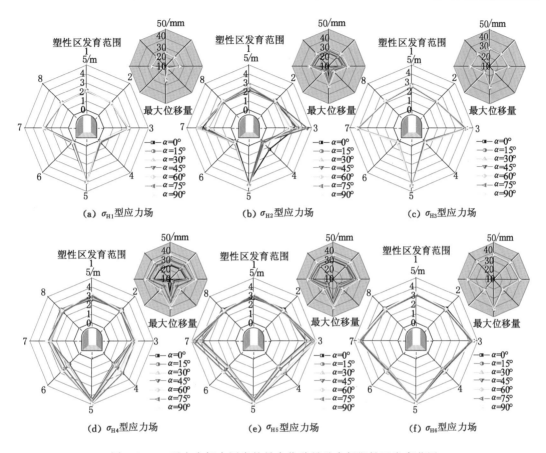

图 3-29 σ_H 型应力场中围岩的最大位移量及内部塑性区发育范围

室围岩的稳定性最好;(2) λ_H 是影响围岩稳定性的绝对因素, λ_H 越大,围岩整体稳定性越差;(3) 当 λ_H、α 恒定时, S 与 λ_h 呈正比关系;(4) 当 $\lambda_H \neq \lambda_h$ 时, S 与 α 总体上呈正比关系,这表明此时硐室布置应遵循最大水平应力理论。

表 3-9 σ_H 型应力场中各模拟方案的 S 值

子应力场编号	S 值						
	$\alpha=0°$	$\alpha=15°$	$\alpha=30°$	$\alpha=45°$	$\alpha=60°$	$\alpha=75°$	$\alpha=90°$
σ_{H1}	2.08	2.05	2.05	2.10	2.21	2.25	2.28
σ_{H2}	3.52	4.34	6.91	7.66	5.42	6.04	6.67
σ_{H3}	16.50	15.41	15.17	15.59	16.34	17.40	18.66
σ_{H4}	4.20	4.83	7.05	10.19	15.38	22.88	27.89
σ_{H5}	17.12	18.34	24.04	38.67	55.30	67.22	77.49
σ_{H6}	61.45	54.02	50.44	54.85	57.66	60.99	71.31

(3) σ_{Hv} 型应力场

σ_{Hv} 型应力场中硐室开挖后围岩的最大位移量及内部塑性区发育范围如图 3-30 所示。

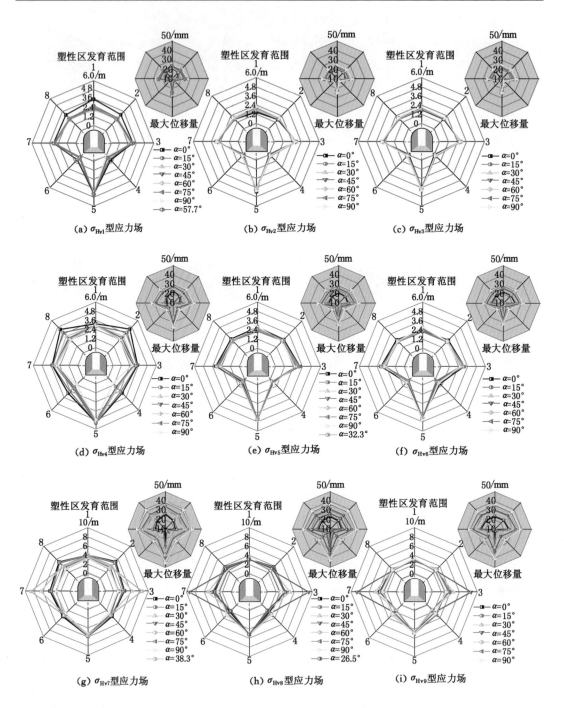

图 3-30 σ_{Hv} 型应力场中围岩的最大位移量及内部塑性区发育范围

由图 3-30 可知:(1)围岩最大位移量与 α 呈正比关系;(2)λ_H 依然是影响围岩稳定性的主控因素,随 λ_H 增大,围岩最大位移量及内部塑性区发育范围均显著增大;(3)当 λ_H 恒定时,随 λ_h 增大,塑性区发育范围逐步减小;(4)若 λ_H 恒定,随 λ_H 增大,当 $0°\leqslant\alpha\leqslant45°$ 时围岩塑性区发育范围的离散型较强,尤其是帮部塑性区发育范围,而当 $45°<\alpha\leqslant90°$ 时 λ_H 对塑性区发育范

围的影响减小。

σ_{Hv} 型应力场中各模拟方案的 S 值列于表 3-10。由表 3-10 可看出：(1) λ_H 越大、与 λ_h 差值越大，S 的平均水平也越大，表明硐室围岩的稳定性越差；(2) 通过式(2-27)计算确定的 α_0 并不一定是巷硐的最佳布置角度；(3) 在各子应力场中，当 $0°\leqslant\alpha\leqslant15°$ 时，S 可取得最小值，因此在 σ_{Hv} 型应力场中，硐室最佳布置方式为与最大水平主应力呈 $0°\sim15°$ 夹角。

表 3-10 σ_{Hv} 型应力场中各模拟方案的 S 值

子应力场编号	S值										
	$\alpha=0°$	$\alpha=15°$	$\alpha=26.5°$	$\alpha=30°$	$\alpha=32.3°$	$\alpha=38.3°$	$\alpha=45°$	$\alpha=57.7°$	$\alpha=60°$	$\alpha=75°$	$\alpha=90°$
$\sigma_{Hv}1$	0.80	0.95		1.58			2.43	2.87	3.18	4.20	5.32
$\sigma_{Hv}2$	0.65	0.77		1.06			1.52		1.97	2.25	2.47
$\sigma_{Hv}3$	1.01	1.12		1.41			1.59		1.94	2.12	2.29
$\sigma_{Hv}4$	2.76	3.31		5.25			9.40		12.6	12.0	11.0
$\sigma_{Hv}5$	2.07	1.96		3.05	3.27		4.46		6.57	7.20	7.84
$\sigma_{Hv}6$	2.23	2.39		3.05			3.96		5.30	6.28	6.99
$\sigma_{Hv}7$	13.4	15.9		75.40		192.00	27.10		35.90	44.90	42.60
$\sigma_{Hv}8$	6.67	7.64	16.40	28.00			168.00		21.90	26.10	32.70
$\sigma_{Hv}9$	6.07	6.92		19.30			116.00		17.50	23.80	29.10

综合上述分析可知，在 σ_v 型应力场中，当 $\lambda_H=\lambda_h$ 时，分选硐室群内各巷硐的最佳布置轴向为与最大水平主应力方向呈 $45°$ 夹角，当 $\lambda_H\neq\lambda_h$ 时，分选硐室群内各巷硐布置应遵循最大水平应力理论；在 σ_H 型应力场中，当 $\lambda_H=\lambda_h$ 时，分选硐室群内各巷硐的最佳布置轴向为与最大水平主应力方向呈 $30°$ 夹角，当 $\lambda_H\neq\lambda_h$ 时，分选硐室群内各巷硐布置仍应遵循最大水平应力理论；在 σ_{Hv} 型应力场中，分选硐室群内各巷硐的最佳布置轴向为与最大水平主应力方向呈 $0°\sim15°$ 夹角。

3.4 分选硐室群结构特征与紧凑型布局原则

3.4.1 分选硐室群布置方式分类

根据分选硐室群与矿井原煤运输大巷的空间位置关系，可将分选硐室群布置方式划分为直接式布置和辅助式布置两种类型。

（1）直接式布置

直接式布置是指将分选硐室群的主要功能硐室直接布置于原煤运输路线聚合点下游的运输大巷或井底车场内。直接式布置分选硐室群时，原煤运输路线与原煤入选路线重合，为满足相关分选设备的安置与使用要求，需要对原运输大巷进行刷扩及有效支护。直接式布置时井下分选系统沿原煤运输方向依次布置筛分机、分级破碎机、转运带式输送机、重介浅槽分选机(或跳汰机、TDS智能干选机)、脱介筛等设备。直接式布置的优点为工程量小、施工成本低、选煤环节简单，但易对原煤运输系统产生持续干扰，特别是在分选系统发生故障时将直接导致原煤生产及运输系统瘫痪，因此直接式布置对分选设备的性能及管理要求严格,实际应用范围有限。

（2）辅助式布置

辅助式布置是指将分选硐室群布置于原煤运输路线聚合点下游、运输大巷附近单独改造或重新建造的巷硐群内。辅助式布置分选硐室群时,选煤路线为原煤运输路线的一个分支,此时原煤入选路线和精煤回流路线与运输大巷垂直或斜交。采用辅助式布置时井下选煤空间独立,因此分选系统日常维护或发生故障进行维修时,不会对矿井的原煤生产及运输系统产生影响。辅助式布置由于具有维护方便、适应性强、对原煤运输系统干扰小的显著优点,目前已在采选充一体化矿井获得广泛应用。本书主要针对辅助式布置分选硐室群的结构特征、优化布置原则与紧凑型布局方法进行研究。

3.4.2 分选硐室群结构特征

分选硐室群内的各巷硐可依据其使用功能进行命名,如筛分破碎硐室、产品转运硐室、分选硐室、煤泥水处理硐室、原煤入选巷道、精煤排运巷道、矸石排运巷道等。在分选硐室群各巷硐中,筛分破碎硐室和分选硐室是主要功能硐室,并且其断面尺寸在分选硐室群内最大,因此可将这两类硐室统称为主硐室,相应的其他巷硐可称为辅助巷硐。

结合现场调研情况,归纳总结出井下分选硐室群主要具有以下结构特征:(1) 整体断面尺寸大。井下选煤工艺复杂,各类设备在空间内紧凑衔接,对巷硐断面尺寸要求高,如表 2-1 中新巨龙矿井下分选硐室群内除原煤入选、精煤排运巷道外,其余各硐室的断面尺寸均符合超(特)大断面划分标准(断面积$\geq$20 m^2 或跨度$\geq$5.1 m)[107,109]。(2) 主硐室宽高比小于 1。主硐室对断面高度的要求大于宽度,断面呈瘦长形,即宽高比小于 1。(3) 巷道化布置。我国煤矿对硐室的传统定义为空间三个轴线长度相差不大、不直通地面且具有特定使用功能的地下巷道,但对于分选硐室群内各巷硐而言,其轴向长度一般均显著大于断面尺寸,巷道化特征明显。(4) 流线化回路布局。由于井下分选硐室群普遍采用辅助式布置方式,为满足原煤入选(从运输大巷获取原煤)与精煤回流(分选精煤转运至运输大巷)要求,一般除煤泥水处理硐室和矸石排运巷道外,以流线化回路的形式布置分选硐室群内各巷硐。

3.4.3 分选硐室群紧凑型布局原则

分选硐室群的基本布置原则为:(1) 尽量布置于强度较高、性质稳定、地质构造较少的岩层内,并远离采掘影响区;(2) 尽量靠近原煤运输路线聚合点及充填工作面,以降低煤矸运输成本。此外,布置分选硐室群时还应遵循以下原则。

3.4.3.1 主硐室优先布置

主硐室同时具备功能上的重要性和围岩控制难度上的突出性,因此当分选硐室群的空间位置确定后,应当优先规划设计主硐室的合理位置与布置方式:(1) 尽量将主硐室布置于远离断层、陷落柱等地质构造且围岩性质相对稳定的区域。(2) 由于主硐室的轴向长度显著大于断面尺寸,其布置时应当考虑优势节理裂隙走向及最大水平主应力方向对围岩稳定性的影响。当主硐室轴向与优势节理裂隙走向垂直时最有利于围岩控制,而当主硐室轴向与优势节理裂隙走向平行时围岩控制难度最大。同时,通过对分选硐室群布置区域进行地应力测试,可确定地应力场的具体类型,进而根据前文提出的三类地应力场中巷硐的最佳布置方式确定主硐室的合理轴向。

3.4.3.2 主硐室平行布置

当井下分选硐室群内需要布置多个主硐室(如筛分破碎硐室、分选硐室)时,为同时满足各主硐室的围岩控制需求,应当根据前述的主硐室布置要求平行布置各主硐室,并且确保主硐室间距合理,避免相互扰动过大而影响围岩的稳定性。

3.4.3.3　主辅硐室垂直布置

基于分选硐室群流线化回路布局特点以及主硐室平行布置要求,可知必然要布置辅助硐室对两主硐室进行贯通。辅助硐室与主硐室的交岔类型存在图 3-31 所示的六种情况,主辅硐室轴向的合理夹角应基于交岔点区域围岩的稳定性综合判定[144]。

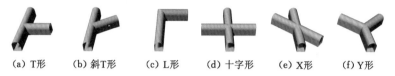

(a) T形　　(b) 斜T形　　(c) L形　　(d) 十字形　　(e) X形　　(f) Y形

图 3-31　主硐室与辅助硐室的交岔类型

考虑主硐室与辅助硐室轴向的夹角 β 分别为 30°、45°、60°、75°、90°,建立图 3-32 所示的五组数值模型,模型的整体尺寸为 90 m×90 m×50 m。仍然对模型内岩体的物理力学参数进行均一化处理,分别取 $\rho = 2\ 630\ \text{kg/m}^3$、$K = 10.8\ \text{GPa}$、$G = 8.1\ \text{GPa}$、$\varphi = 35°$、$C = 2.8\ \text{MPa}$、$\sigma_t = 1.8\ \text{MPa}$。模型内主、辅硐室的断面形状均为直墙半圆拱形,主硐室断面尺寸为 6 m×8 m、轴向长度为 40 m,辅助硐室断面尺寸为 5 m×5 m、轴向长度为 34 m。在模型顶部施加大小为 25 MPa 的均布载荷以模拟采深千米的深部开采条件,考虑深井地应力场主要属 σ_v 型,λ_H、λ_h 分别取 0.8、0.5,即 σ_H、σ_h 分别为 20 MPa、12.5 MPa,在模型四周与底部施加法向位移约束。数值计算采用 Mohr-Coulomb 强度准则,遵循软件默认的收敛标准。

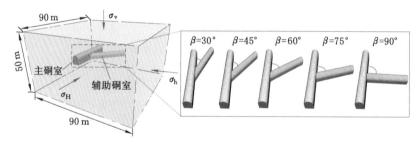

图 3-32　主辅硐室轴向不同夹角时的数值模型

各模拟方案开挖后,围岩内塑性区发育范围与位移云图如图 3-33 所示。由图 3-33 可看出,随夹角 α 逐步增大,交岔点区域围岩的塑性区范围与最大位移量均呈现逐步减小趋势,这表明围岩的整体稳定性逐步提高,由此可判定出主硐室与辅助硐室轴向的最佳夹角为 90°,即主辅硐室应垂直布置。

3.4.3.4　非等高巷硐渐进式过渡布置

为提高断面利用率,增强围岩稳定性,分选硐室群各巷硐应在满足内部设备安置与使用要求的前提下尽量减小断面尺寸。对于相互衔接巷硐而言,若断面尺寸相差较大,则由于大断面巷硐开挖后其围岩内塑性区的发育范围相对较大,衔接处小断面巷硐围岩内的无效加固区范围必然会扩大,从而会增加围岩控制难度。解决上述问题的有效途径是对小断面巷硐的断面尺寸进行渐进式过渡处理,即如图 3-34 所示,在小断面巷硐内增设过渡段,过渡段的宽度与小断面巷硐宽度一致,高度则呈渐进式变化,长度应大于大断面巷硐围岩的塑性破

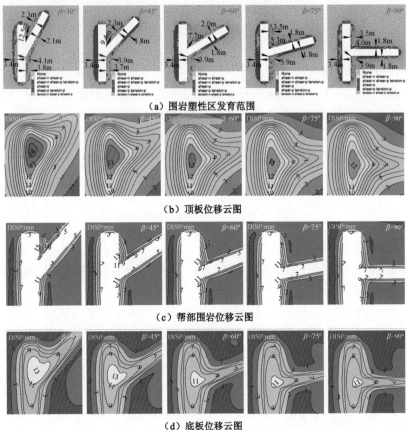

（a）围岩塑性区发育范围

（b）顶板位移云图

（c）帮部围岩位移云图

（d）底板位移云图

图 3-33　随夹角变化围岩的塑性区发育范围与位移云图

坏范围。当大、小断面巷硐呈一定角度衔接时，衔接处即交岔点。

（a）非等高巷硐同轴向段　　　　　　　（b）非等高巷硐垂直

图 3-34　非等高巷硐渐进式过渡布置示意

　　采用数值模拟进行验证，设计了三组模拟方案，即衔接处辅助硐室的断面高度 h_t 分别为 5.5 m、6.5 m、7.5 m，并以前文中 $\alpha=90°$（$h_t=5$ m）作为对比方案。由图 3-33（a）可知，主硐室帮部围岩内塑性区发育范围约为 4 m，相应确定过渡段长度为 5 m，建立的三组数值模型如图 3-35 所示。

　　各模拟方案开挖后辅助硐室围岩内塑性区的发育情况见图 3-36。分析图 3-36 可知：当辅助硐室以原断面尺寸直接与主硐室衔接时，衔接区域顶板内的塑性区发育范围最大；对辅助硐室断面尺寸进行渐进式过渡处理后，衔接区域顶板内的塑性区发育范围显著减小，并且降低程度与高度 h_t 呈正相关关系，当 h_t 为 7.5 m 时，C-C 截面顶板内的塑性区发育范围仅为

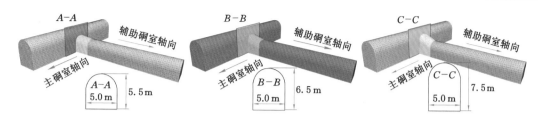

图 3-35 主硐室与辅助硐室过渡式布置数值模型

1.1 m，与辅助硐室远离衔接区域顶板内的塑性区发育范围相差不大。

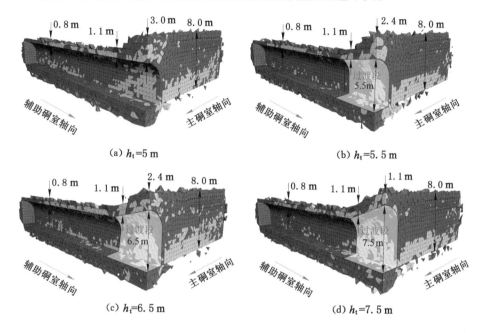

图 3-36 不同过渡方案辅助硐室围岩内塑性区发育范围

不同模拟方案中辅助硐室围岩的收敛变形情况如图 3-37 所示。由图 3-37 可看出，随 h_t 增大，辅助硐室顶底板的收敛量虽整体变化不大，但在近衔接处仍呈现出减小趋势；两帮收敛量在衔接处的差值最大，并且与 h_t 呈负相关关系。

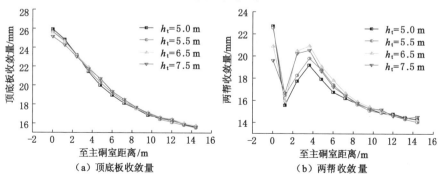

图 3-37 不同过渡方案辅助硐室围岩的收敛量

综上所述,当分选硐室群内邻近巷硐断面尺寸差异较大时,应对小断面巷硐高度进行渐进式过渡处理,过渡段的宽度保持恒定,高度应尽量与大断面巷硐高度一致,长度则需要根据大断面巷硐围岩塑性区发育范围确定。

3.4.3.5 尖角区倒角过渡布置

当分选硐室群内邻近巷硐以一定角度交岔时,尖角位置易引起支承应力集中,从而导致岩体易于发生变形破坏,增大围岩控制难度。工程实践经验表明,对尖角区域进行倒角处理不仅可在一定程度上缓解应力集中,也可减小围岩内无效加固区范围,降低围岩控制难度。此外,对于分选硐室群而言,尖角区倒角过渡也有利于设备进出。图 3-38 所示为主辅硐室垂直交岔点的倒角半径分别为 0、0.5 m、1 m、1.5 m、2 m、2.5 m、3 m 时围岩内塑性区的发育情况。由图 3-38 可看出,随倒角半径增大,交岔点区域围岩内塑性区的发育范围逐步减小,其他区域围岩则未受显著影响,由此可验证对尖角区进行倒角过渡有助于减小围岩内无效加固区范围,从而降低围岩控制难度。

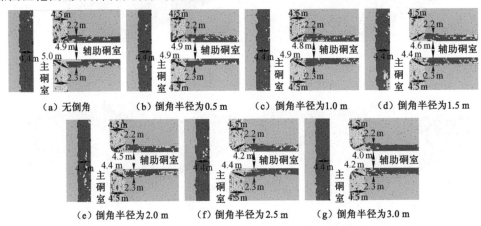

图 3-38　不同倒角半径对围岩内塑性区发育范围的影响

不同倒角半径对交岔点围岩位移量的影响见图 3-39。由图 3-39 可看出,倒角变化并未对围岩位移量产生显著影响,但随倒角半径增大,最大位移区范围呈减小趋势,这表明倒角过渡的确可以降低无效加固区的范围。但倒角半径选择是有一定限度的,若选择的倒角半径过大,则等效于增大交岔点的悬顶空间,会加大围岩控制难度。

数值模拟研究结果表明,前述有关主辅硐室垂直布置、非等高巷硐渐进式过渡布置、尖角区倒角过渡布置的分选硐室群紧凑型布局原则同样适用于 σ_H、σ_{Hv} 型应力场。

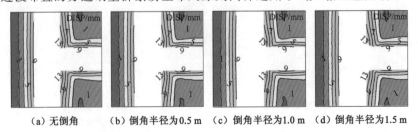

　（a）无倒角　　　（b）倒角半径为0.5 m　　（c）倒角半径为1.0 m　　（d）倒角半径为1.5 m

图 3-39　不同倒角半径对交岔点围岩位移量的影响

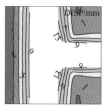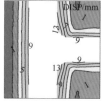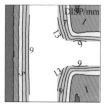

（e）倒角半径为2.0 m （f）倒角半径为2.5 m （g）倒角半径为3.0 m

图 3-39（续）

3.5 分选硐室群紧凑型布局方法

布置井下分选硐室群应考虑其结构的紧凑性,若内部各巷硐空间位置过于分散,不仅管理不便、分选系统易与矿井其他生产活动产生交互影响,也会增大压煤量及掘巷工程量,影响采充工作面布局。基于分选硐室群流线化回路布局特点,可知紧凑布置分选设备与减小邻近巷硐间距是实现分选硐室群紧凑型布局的主要途径:(1)在确保分选系统安全高效运行的前提下,在分选硐室群内集中布置各类分选设备,实现分选设备"抽屉式"组合[145](见图 3-40),或对分选设备进行性能改进与结构优化以降低对井下空间的需求,从而有效缩短分选硐室群的"回路"长度;(2)在确保邻近巷硐间围岩稳定、原煤顺利入选的前提下,缩短邻近巷硐间距可有效减小分选硐室群的"跨度"。本节着重从缩短邻近巷硐间距的角度研究分选硐室群的紧凑型布局方法。

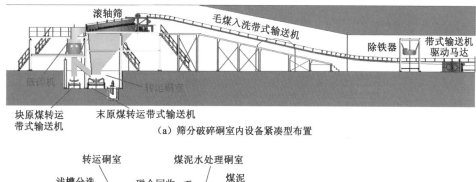

（a）筛分破碎硐室内设备紧凑型布置

（b）分选硐室内设备紧凑型布置

图 3-40 分选设备紧凑型布置

等效开挖原理指出[125],巷硐开挖对围岩塑性区发育范围的影响等效于开挖与该巷硐断面外接圆同径的圆形巷道,并且将等效开挖断面与实际断面之间的"差集"称为无效加固

区。因此,由图 3-41 可看出,为确保邻近巷硐间围岩保持稳定状态,邻近巷硐的等效间距 R_d 应满足:

$$R_d > R_1 + R_2 \tag{3-12}$$

式中,R_1,R_2 分别为邻近巷硐围岩内塑性区发育范围,m。

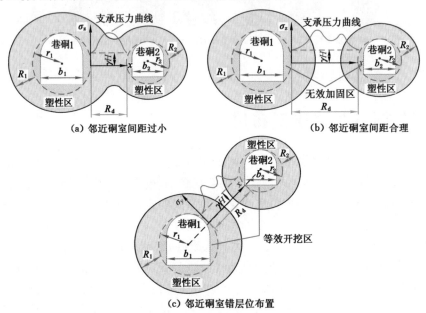

图 3-41　邻近巷硐围岩内塑性区与支承压力分布

根据文献[116,134]给出的圆形巷道塑性区半径理论计算公式,并结合图 3-41,得到 R_1、R_2 的计算公式:

$$R_i = r_i \left\{ \frac{\left[p(1+\lambda) + 2C\cot\varphi\right](1-\sin\varphi)}{2p_i + 2C\cot\varphi} \right\}^{\frac{1-\sin\varphi}{2\sin\varphi}} \left\{ 1 + \frac{p(1-\lambda)(1-\sin\varphi)\cos 2\theta}{\left[p(1+\lambda) + 2C\cot\varphi\right]\sin\varphi} \right\} - r_i$$

$$\tag{3-13}$$

式中,θ 为极坐标角度,(°)。由式(3-13)可知,邻近巷硐的理论合理间距 R_d 由等效开挖半径 r_i、地应力场条件(p,λ)和围岩力学性质(C、φ)共同决定。

由于深部岩体具有强流变性,确定分选硐室群内邻近巷硐的合理间距时应考虑一定的安全富余量。根据井下硐室群布置的大量实践经验[116,146],一般当留设间距不小于两硐室最大跨度的 2 倍时就可确保岩柱长期处于稳定状态,结合等效开挖原理可知,等效间距 R_d 应满足:

$$R_d \geqslant 4\max\{r_1, r_2\} \tag{3-14}$$

为探讨式(3-14)的适用性,建立了图 3-42 所示的数值模型,模型内两邻近硐室同层位布置,断面形状与尺寸均相同(等效开挖半径均为 5.2 m)。由图 3-42 可看出,当间距 D 过小时,岩柱整体处于卸压状态,两邻近硐室围岩内的破碎区相互贯通;当间距 D 增大至 15 m 后,岩柱因内部存在弹性核区而处于稳定状态,但此时两硐室间相互扰动影响较大,弹性核区内的垂直应力较高;当间距 D 超过 4 倍等效开挖半径(20.8 m)并逐步增大后,弹性核区范围同步增大,硐室间的扰动影响逐步减小,弹性核区内垂直应力亦逐步降低,直至趋于原岩应力状态。

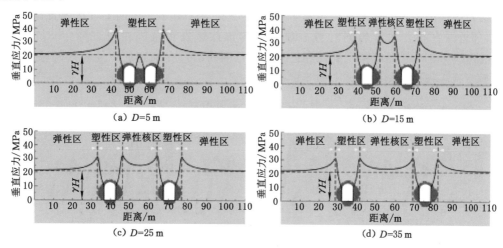

图 3-42　随邻近硐室间距变化围岩内垂直应力分布与塑性区发育范围

图 3-43 所示为岩柱内垂直应力分布随埋藏深度 H 的变化曲线。由图 3-43 可看出：(1) 随 H 增大，岩柱内垂直应力呈整体升高趋势；(2) 硐室围岩内塑性区发育范围与 H 呈正比关系，这表明邻近硐室的合理间距与埋藏深度正相关；(3) 在不同埋藏深度条件下，当邻近硐室间距超过 4 倍等效开挖半径时，不仅可确保岩柱内存在弹性核区，而且弹性核区宽度可始终达到硐室高度的 1.5～2 倍以上，参照前人给出的煤柱中部弹性核区临界宽度计算公式可知[147]，此时的间距 D 能够确保岩柱长期处于稳定状态。

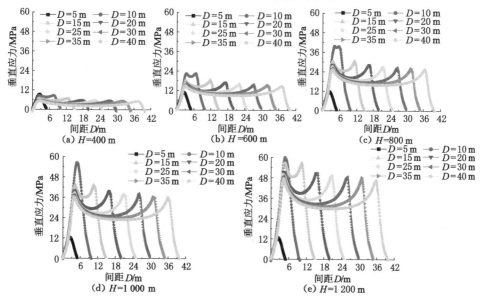

图 3-43　随埋藏深度 H 变化围岩内垂直应力分布曲线

图 3-44 所示为岩柱内垂直应力随侧压系数 λ 的变化曲线。分析图 3-44 可知：(1) 随 λ 逐步增大，岩柱内应力集中系数呈先增高后降低的变化规律；(2) 岩柱内塑性区的发育范围

未随 λ 变化而发生显著改变,原因为两邻近硐室开挖后水平应力在顶底板内集中,因而 λ 改变不会对帮部围岩塑性区发育产生显著影响;(3)由于 λ 对顶底板内塑性区发育范围影响较大,邻近硐室布置时应当同时考虑顶底板内塑性区发育范围对合理间距 R_d 的影响;(4)由式(3-14)确定的 R_d 值可确保邻近巷硐帮部围岩内存在稳定的弹性核区,但无法保证邻近硐室顶底板内剪切塑性区不相互贯通。

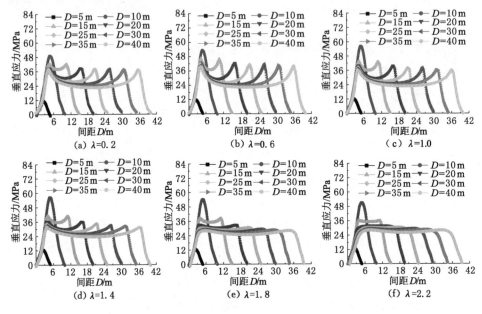

图 3-44　随侧压系数 λ 变化围岩内垂直应力分布曲线

一般情况下,由式(3-14)确定的等效间距 R_d 值显著大于由式(3-12)确定的 R_d 值,但当应力场中侧压系数过小($\lambda<0.3$)或过大($\lambda>2.5$)时,围岩内塑性区发育范围呈"蝶形"分布[122],此时根据式(3-12)计算得到的 R_d 值也可能大于由式(3-14)确定的 R_d 值。因此,结合式(3-12)和式(3-14)可确定分选硐室群内邻近巷硐基于围岩稳定要求的合理间距。除此之外,对于两邻近的主硐室而言,其间距还应满足原煤入选要求。如图 3-45(a)所示,假定 h_b 为筛分破碎硐室内带式输送机的最大离地高度,h_s 为分选硐室内原煤入选高度,h_d 为两主硐室底板高差(当筛分破碎硐室底板标高低于分选硐室底板标高时,h_d 取正值;当筛分破碎硐室底板标高高于分选硐室底板标高时,h_d 取负值),θ_1 为带式输送机的设计输送仰角,则两主硐室的水平间距 R_h 应满足:

$$R_h \geqslant \cot \theta_1 (h_s + h_d - h_b) \tag{3-15}$$

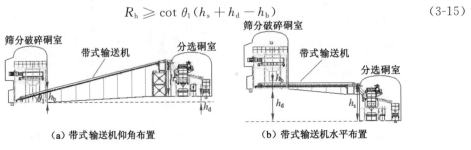

（a）带式输送机仰角布置　　　　　　（b）带式输送机水平布置

图 3-45　主硐室间原煤转运示意

综合式(3-12)、式(3-14)、式(3-15)可知,为确保围岩稳定以及原煤顺利入选,主硐室间距需要同时满足:

$$\begin{cases} R_{\mathrm{d}} > R_1 + R_2 \\ R_{\mathrm{d}} > 4\max\{r_1, r_2\} \\ R_{\mathrm{h}} \geqslant \cot\theta_1(h_{\mathrm{s}} + h_{\mathrm{d}} - h_{\mathrm{b}}) \end{cases} \tag{3-16}$$

由式(3-16)与图 3-45 可知,若筛分破碎硐室底板标高大于分选硐室底板标高,则可有效降低原煤提升的高度要求,从而缩短带式输送机的布置长度,降低原煤入选对主硐室间距的要求,甚至当 h_{b} 与 h_{d} 之和等于 h_{s} 时[图 3-45(b)],带式输送机可实现水平布置,此时主硐室的合理间距可完全依据围岩稳定要求确定。而当 h_{d} 大于 h_{s} 时,辅助硐室内则无须布置带式输送机,可依靠重力实现原煤入选。因此,通过错层位布置筛分破碎硐室与分选硐室,可减少主硐室间距的限定条件,从而实现分选硐室群紧凑型布局。

4 分选硐室群围岩损伤规律与控制对策

深井分选硐室群面临"四高一扰动"复杂地质环境,布置期间应采取合理支护方法限制围岩变形破坏范围,以利于围岩长时稳定控制。同时,分选硐室群全服务周期内面临高地应力与动载荷的叠加影响,因此有必要开展动静载耦合影响下围岩损伤规律相关研究。本章基于分选硐室群的结构特点,结合应力壳、加固承载壳、被动承载壳的围岩控制原理,提出"三壳"协同支护技术,研究影响围岩控制效果的关键支护参数,探讨采煤及充填工作面采动应力对分选硐室群围岩与支护结构的影响,基于分选硐室群围岩控制要求规划两类工作面合理停采方案,揭示高地应力与振动载荷、冲击载荷耦合影响下分选硐室群围岩的损伤规律,探讨分选硐室全服务周期内围岩加固对策。

4.1 "三壳"协同支护技术原理与应用

4.1.1 "三壳"协同支护技术内涵

（1）应力壳

基于前文研究已知,依据地应力场类型合理布置井下分选硐室群,可最大限度利用应力壳来控制围岩变形破坏范围,但当分选硐室群支护方式或支护参数选择不够合理时,则无法对围岩进行有效加固,而深部岩体又具有强流变、大变形的力学特性,分选硐室群围岩将发生持续变形破坏,应力壳亦逐步向岩体深部移动,对围岩控制作用逐渐减弱。因此,实现深井分选硐室群围岩长时稳定控制的关键是采用合理的支护手段加固围岩,改善围岩的力学环境,提高围岩的自承载能力,抑制围岩持续变形,确保应力壳长时处于"稳态"。

（2）加固承载壳

锚杆支护可对围岩施加径向约束力,提高破碎区、塑性区岩体的残余强度,改善其受力条件,充分发挥围岩的自承能力,实现支护结构与围岩协调变形、统一承载[148-149]。锚网索联合支护可在围岩内构建阶梯式加固承载壳[150-151],该壳体由三部分构成:① 破碎区锚固承载圈。该承载圈内锚杆(索)的支护密度与强度最大。② 塑性区锚固承载圈。该承载圈内锚杆(索)的支护密度与强度仅低于破碎区锚固承载圈,可将塑性区与破碎区联系起来,限制破碎区及塑性区发育。③ 弹性区锚固承载圈。该承载圈依靠锚索将弹性区与破碎区、塑性区联系起来,支护密度与强度最小,可将破碎区、塑性区岩体载荷转移至深部,进一步增强破碎区、塑性区岩体的稳定性。当破碎区岩体破坏严重时,可采用锚注支护改善围岩的力学性质,提高围岩强度[152-153]。

（3）被动承载壳

采用喷射混凝土、砌碹、架棚、U 型钢拱架、现浇混凝土等被动支护技术在围岩外部构建的支护结构称为被动承载壳。被动承载壳布置后不会立即对围岩施加支撑力,必须等待围岩变形后与壳体密切接触才能依靠壳体自身强度加固围岩[154]。目前,喷射混凝土与 U 型钢拱架支护技术应用最广。喷射混凝土可对围岩进行支撑、充填、隔绝和转化,恢复围岩三向应力状态,并形成封闭保护层[155-156]。U 型钢拱架具有典型的高阻可缩特性,适用于围岩条件较差的情况,当拱架与围岩充分接触时支护强度较高,能够快速控制围岩的持续松弛变形[157-158]。

(4)"三壳"协同支护技术原理

基于井下分选硐室群的结构特点,结合应力壳、加固承载壳及被动承载壳的围岩控制原理,提出了"三壳"协同支护技术体系,力学模型如图 4-1 所示。"三壳"协同支护技术的原理为:① 基于分选硐室群的巷道化布置特点,其布置方向需要根据地应力场类型具体确定,从而确保围岩应力壳最大限度靠近分选硐室群分布,减小围岩塑性区发育范围,降低围岩控制难度;② 依靠加固承载壳和被动承载壳改善围岩应力状态,提高围岩自承载能力,实现围岩与支护结构的协调变形和统一承载,避免应力壳因深部岩体的流变性而持续向远场移动;③ 通过三个壳体对围岩的协同控制,最大限度提升分选硐室群围岩的整体稳定性。"三壳"协同支护技术的关键在于准确根据地应力场类型优化布置分选硐室群以及分选硐室群开掘后及时对围岩进行有效支护。

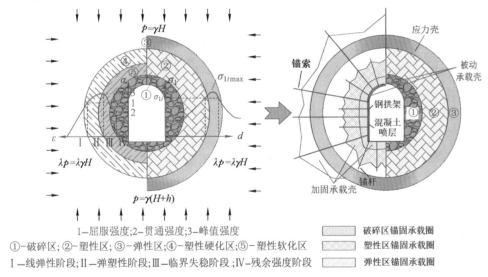

1—屈服强度;2—贯通强度;3—峰值强度
①—破碎区;②—塑性区;③—弹性区;④—塑性硬化区;⑤—塑性软化区
I—线弹性阶段;II—弹塑性阶段;III—临界失稳阶段;IV—残余强度阶段

破碎区锚固承载圈
塑性区锚固承载圈
弹性区锚固承载圈

图 4-1 "三壳"协同支护力学模型

根据分选硐室群流线化回路布局特点及主硐室优先布置原则可知,井下分选硐室群应用"三壳"协同支护技术时,主硐室可最大限度利用三个壳体控制围岩稳定,但部分辅助硐室则由于回路布局要求必然不能基于地应力场类型进行最优布置,因此不能充分发挥应力壳对围岩变形破坏的控制作用,进而无法达到最理想的"三壳"协同围岩控制效果。

"三壳"协同支护技术的具体工艺流程如下:① 对分选硐室群规划布置区域进行地应力测试,确定地应力场具体类型;② 基于主硐室优先布置原则确定主硐室的合理轴向,而后根据各辅助硐室的具体使用功能分别确定其轴向,尽量确保辅助硐室也能够沿合理轴向布置;③ 开掘分选硐室群;④ 初次喷射混凝土以隔绝围岩自由面,初喷厚度一般为 40～60 mm;⑤ 安装金属网或钢筋网;⑥ 架设 U 型钢拱架;⑦ 安装锚杆、锚索;⑧ 再次喷射混凝土至设计厚度。

4.1.2 "三壳"协同关键支护参数分析

由于"三壳"协同支护技术涉及的支护参数较多,有必要研究不同支护参数对围岩控制效果的影响程度,从而有助于指导井下分选硐室群的支护方案与支护参数设计。为此,以新巨龙煤矿井下分选硐室群内的浅槽排矸硐室为工程背景进行深入研究。

4.1.2.1 煤岩力学参数测试

新巨龙煤矿煤系钻孔柱状如图 4-2 所示,浅槽排矸硐室设计布置于 $3^\#$ 煤顶板内厚度为 19.87 m 的粉砂岩中,根据《煤和岩石物理力学性质测定的采样一般规定》(MT 38—1987)的要求对浅槽排矸硐室顶底板围岩钻孔取样。

层序号	岩性	层厚/m	累深/m	岩性描述
163	泥岩	6.54	772.06	灰色,平坦状至参差状断口,含植物根化石,具滑面
164	粉砂岩	5.42	777.48	灰色,局部夹细砂岩薄层,底部含植物根化石,局部含黄铁矿晶体,裂隙发育,充填方解石
165	中粒砂岩	1.40	778.88	浅灰白色,主要成分为石英、长石,颗粒呈次棱角状,含泥岩包裹体,硅泥质胶结,上部含菱铁质结核,具斜层理
166	粉砂岩	5.80	784.68	灰色至深灰色,局部夹细砂岩薄层,偶见植物根化石,底部为0.4 m厚的泥岩
167	细粒砂岩	4.18	788.86	浅灰白色,主要成分为石英、长石及暗色矿物,颗粒呈次圆状,硅质胶结,可见植物化石碎屑,裂隙发育,具水平层理
168	粉砂岩	19.87	808.73	灰色,局部含细砂质,含植物茎部化石,局部炭化,夹细砂岩条带,裂隙发育,充填方解石及黄铁矿,具水平层理
169	$3^\#$煤	3.65	812.38	黑色,主要以亮煤、暗煤为主,夹镜煤透镜体,沥青光泽,参差状至棱角状断口,硬度较大,局部含黄铁矿,夹矸为泥岩、细砂岩
170	泥岩	1.45	813.83	浅灰色至深灰色,质纯,贝壳状断口,性脆,含黄铁矿薄膜、炭质及植物根部化石
171	粉砂岩	3.40	817.23	深灰色,较致密,裂隙发育,充填黄铁矿,底部夹细砂岩条带,具水平层理
172	细粒砂岩	3.35	820.58	灰白色,主要成分为石英、长石及暗色矿物,颗粒呈次圆状,分选性较好,硅质胶结,含黄铁矿晶体,局部夹泥岩条带及透镜体
173	粉砂岩	5.00	825.58	灰白色至深灰色,夹细砂岩条带,含植物化石碎屑,具水平层理
174	泥岩	2.80	828.38	深灰色,质纯,平坦状至贝壳状断口,局部含菱铁质结核,性较脆,块状构造

图 4-2　新巨龙煤矿煤系钻孔柱状图

将所取煤岩样按照《煤和岩石物理力学性质测定方法》(GB/T 23561)的要求在煤炭资源与安全开采国家重点实验室进行加工处理以及力学参数测试。如图 4-3 所示,采用 MTS 电液伺服万能实验机进行煤岩样单轴压缩与巴西劈裂实验,测定煤岩体的单轴抗压强度 σ_c、弹性模量 E、泊松比 μ 及抗拉强度 σ_t;采用 SANS 压力实验机进行剪切强度实验,测定煤岩的内聚力 C 与内摩擦角 φ。

(1)单轴压缩实验

将煤岩样加工成尺寸为 $\phi(50\pm2)$ mm$\times(100\pm5)$mm 的圆柱体标准试件,为减小实验数据的离散型,各组煤岩样试件均制备 3 个,在试件表面分别粘贴横向、纵向应变片。实验采用力加载方式,加载速度为 900 N/min,直至试件发生破坏,采用中控计算机实时记录加载载荷与位移量,采用电阻应变仪同步记录各级应力及其相应的横纵向应变值。部分煤岩样试件单轴压缩破坏形态及应力-应变曲线见图 4-4。

(2)抗拉强度实验

采用巴西劈裂法测试煤岩样试件的抗拉强度,将煤岩样加工成尺寸为 $\phi(50\pm1)$ mm$\times$

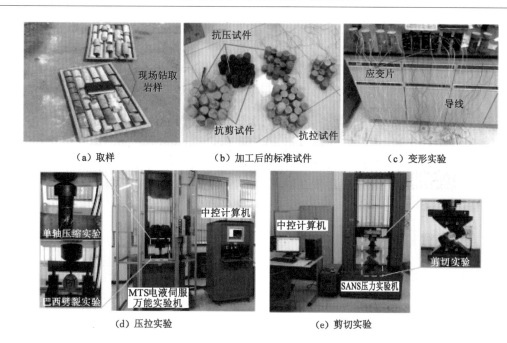

（a）取样　　　　　（b）加工后的标准试件　　　　（c）变形实验

（d）压拉实验　　　　　　　（e）剪切实验

图 4-3　煤岩样试件力学参数测试

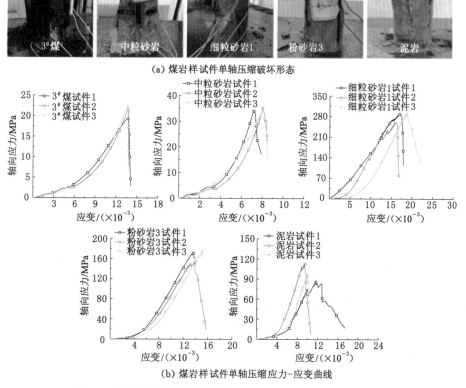

（a）煤岩样试件单轴压缩破坏形态

（b）煤岩样试件单轴压缩应力-应变曲线

图 4-4　部分煤岩样试件的单轴压缩破坏形态及应力-应变曲线

（25±1）mm 的圆柱体标准试件，各组煤岩样试件同样制备 3 个。采用位移加载方式进行巴西劈裂实验，加载速度为 1 mm/min。部分煤岩样试件的拉伸破坏形态以及轴向力-位移曲线如图 4-5 所示。

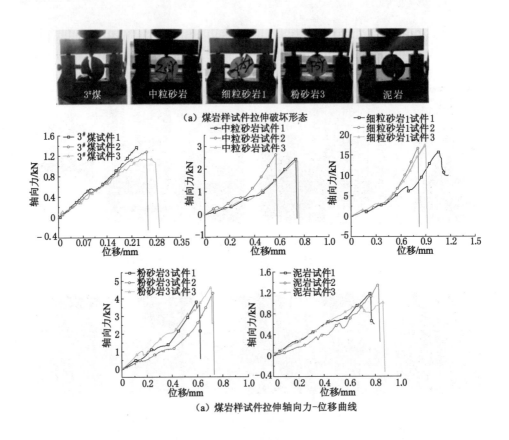

图 4-5　部分煤岩样试件的拉伸破坏形态及轴向力-位移曲线

（3）变角剪切实验

将煤岩样加工成尺寸为 ϕ（50±1）mm×（50±1）mm 的圆柱体标准试件，考虑了 45°、55°、65°三个剪切角度，每个剪切角度测试的试件数目均为 3 个，以 0.5～1.0 MPa/s 的速度进行加载。部分煤岩样试件的剪切破坏形态及剪应力-正应力曲线如图 4-6 所示。

新巨龙煤矿煤系物理力学参数测试结果整理后列于表 4-1。

（a）煤岩样试件剪切破坏形态

图 4-6　煤岩样试件的剪切破坏形态及剪应力-正应力曲线

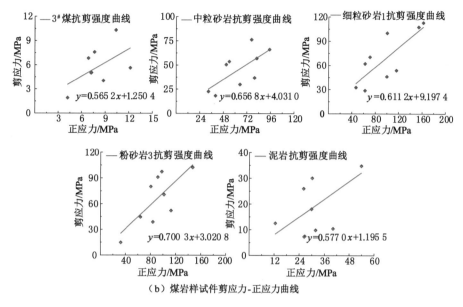

（b）煤岩样试件剪应力-正应力曲线

图 4-6（续）

表 4-1　新巨龙煤矿煤系物理力学参数

层序号	岩性	ρ/(kg/m³)	E/GPa	μ	σ_t/MPa	C/MPa	φ/(°)
164	粉砂岩 1	2 680	10.08	0.20	3.50	8.00	38.0
165	中粒砂岩	2 580	5.94	0.20	1.20	4.00	33.3
166	粉砂岩 2	2 460	19.50	0.20	1.84	2.75	38.0
167	细粒砂岩 1	2 627	9.00	0.26	8.50	9.20	31.4
168	粉砂岩 3	2 551	9.00	0.20	2.00	3.00	35.0
169	3# 煤	1 390	5.89	0.30	0.64	1.25	29.5
170	泥岩	2 609	5.68	0.28	1.25	1.20	30.0
171	粉砂岩 4	2 650	14.50	0.20	7.80	11.50	44.5
172	细粒砂岩 2	2 800	29.83	0.19	4.96	3.47	43.0

4.1.2.2　关键支护参数分析

根据浅槽排矸硐室实际地质条件,建立了图 4-7(a)所示的三维地质模型。模型顶部施加 19.25 MPa 的均布载荷,用于模拟厚度为 770 m 的上覆岩层重力,根据地应力测试结果,水平侧压系数分别取 1.4、0.83[47],在模型的周部与底部施加位移约束。模型中各岩层倾角均为 5°,具体物理力学参数参照表 4-1 选取,浅槽排矸硐室附近围岩采用 Strain-Softening 本构模型,岩体的软化系数通过拟合单轴压缩力学实验与数值模拟的应力-应变曲线确定[159-161],见图 4-7(b),远场围岩采用 Mohr-Coulomb 本构模型。

采用正交实验方法设计多支护参数多水平模拟方案,可在大幅减少实验次数的前提下全面分析不同支护参数组合的围岩控制效果,进而通过极差分析法确定影响支护效果的主次因子,确定主次因子对围岩稳定性的影响程度[162]。本次实验考虑的支护参数包括锚杆直径 A、长度 B、预紧力 C、间排距 D(间距和排距相等)、锚索直径 E、长度 F、预紧力 G、间排

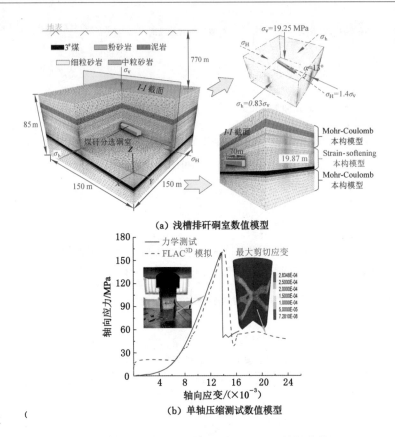

（a）浅槽排矸硐室数值模型

（b）单轴压缩测试数值模型

（

图 4-7　浅槽排矸硐室数值模型与单轴压缩测试数值模型

距 H（间距和排距相等），混凝土喷层的强度 I 及厚度 J，如表 4-2 所示，每个支护参数均取 3 个取值水平，因此选用 L27(3^13)正交表，即设计了 27 组模拟方案，详见表 4-3。

表 4-2　各支护参数取值范围

取值水平	A/mm	B/m	C/kN	D/m	E/mm	F/m	G/kN	H/m	I/MPa	J/mm
1	20	2.2	70	0.6	15.2	6.5	120	2	20	100
2	22	2.5	110	1.0	17.8	8.5	160	3	25	150
3	24	2.8	150	1.4	21.6	10.5	200	4	30	200

表 4-3　正交实验方案

实验编号	A/mm	B/m	C/kN	D/m	E/mm	F/m	G/kN	H/m	I/MPa	J/mm
1	20	2.2	70	0.6	15.2	6.5	120	2	20	100
2	20	2.2	70	0.6	17.8	8.5	160	3	25	150
3	20	2.2	70	0.6	21.6	10.5	200	4	30	200
4	20	2.5	110	1.0	15.2	6.5	120	3	25	150
5	20	2.5	110	1.0	17.8	8.5	160	4	30	200
6	20	2.5	110	1.0	21.6	10.5	200	2	20	100

表 4-3(续)

实验编号	A/mm	B/m	C/kN	D/m	E/mm	F/m	G/kN	H/m	I/MPa	J/mm
7	20	2.8	150	1.4	15.2	6.5	120	4	30	200
8	20	2.8	150	1.4	17.8	8.5	160	2	20	100
9	20	2.8	150	1.4	21.6	10.5	200	3	25	150
10	22	2.2	110	1.4	15.2	8.5	200	2	25	200
11	22	2.2	110	1.4	17.8	10.5	120	3	30	100
12	22	2.2	110	1.4	21.6	6.5	160	4	20	150
13	22	2.5	150	0.6	15.2	8.5	200	3	30	100
14	22	2.5	150	0.6	17.8	10.5	120	4	20	150
15	22	2.5	150	0.6	21.6	6.5	160	2	25	200
16	22	2.8	70	1.0	15.2	8.5	200	4	20	150
17	22	2.8	70	1.0	17.8	10.5	120	2	25	200
18	22	2.8	70	1.0	21.6	6.5	160	3	30	100
19	24	2.2	150	1.0	15.2	10.5	160	2	30	150
20	24	2.2	150	1.0	17.8	6.5	200	3	20	200
21	24	2.2	150	1.0	21.6	8.5	120	4	25	100
22	24	2.5	70	1.4	15.2	10.5	160	3	20	200
23	24	2.5	70	1.4	17.8	6.5	200	4	25	100
24	24	2.5	70	1.4	21.6	8.5	120	2	30	150
25	24	2.8	110	0.6	15.2	10.5	160	4	25	100
26	24	2.8	110	0.6	17.8	6.5	200	2	30	150
27	24	2.8	110	0.6	21.6	8.5	120	3	20	200

采用 FLAC^{3D} 软件内置的 Cable 单元模拟锚杆(索)、Geogrid 单元模拟钢筋网,并且在 Cable 单元与 Geogrid 单元之间建立 Node-Node 连接,在模型内实现锚网索喷结构联合支护,见图 4-8。采用对浅槽排矸硐室围岩块体重新赋参的方法模拟混凝土喷层,喷层区域块体采用弹性本构模型,充分发挥其被动承载作用[163]。根据工程现场拉拔测试以及笔者前期所做的相关力学测试[164-165],各支护材料力学参数如表 4-4 所示。

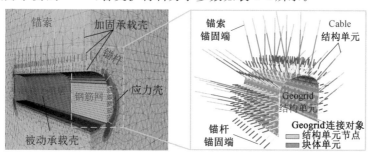

图 4-8　锚网索喷支护的数值模型

表 4-4　支护材料力学参数

支护材料	弹性模量/GPa	直径/mm	泊松比	抗拉强度/kN	锚固剂刚度/GPa	锚固剂内聚力/MPa	密度/(kg/m³)
锚杆 1	75.0	20.0		155	5.35	0.42	
锚杆 2	98.6	22.0		190	5.35	0.42	
锚杆 3	120.0	24.0		225	5.35	0.42	
锚索 1	161.0	15.2		260	10.00	0.42	
锚索 2	186.0	17.8		355	10.00	0.42	
锚索 3	200.0	21.6		504	10.00	0.42	
钢筋网	20.0		0.25				
C20 混凝土	25.5		0.18				2 360
C25 混凝土	28.0		0.18				2 400
C30 混凝土	30.0		0.18				2 420

分别对 27 组支护方案进行模拟计算，计算结束后将模型信息输入 Tecplot 软件，选定方案 1 中浅槽排矸硐室顶板、两帮及底板的塑性区发育范围与最大位移量为参照量，根据前文约定计算其他模拟方案的围岩稳定性综合评价系数 S，详见表 4-5。

表 4-5　正交实验结果

实验编号	S	实验编号	S	实验编号	S
1	1.00	10	0.40	19	0.77
2	0.62	11	1.23	20	0.45
3	0.27	12	1.07	21	1.26
4	0.84	13	0.70	22	0.50
5	0.34	14	0.62	23	1.34
6	1.25	15	0.26	24	0.83
7	0.36	16	0.95	25	0.74
8	1.45	17	0.37	26	0.46
9	0.90	18	1.03	27	0.32

根据极差分析法，某列因素在 i 水平下指标值的总和为 K_i，用 K_i 除以该列中该水平出现的次数得到值 k_i，则极差为同列 k_1、k_2、k_3 三值中最大值与最小值之差。极差越大，表明该因素对围岩支护效果的影响越大。通过计算，得到 27 组模拟实验的极差分析结果，列于表 4-6。由表 4-6 可看出，混凝土喷层厚度的极差值最大，这表明混凝土喷层厚度变化对浅槽排矸硐室围岩稳定性的影响最大，其他支护参数的影响程度由大到小依次为锚杆间排距、混凝土喷层强度、锚索直径、锚杆长度、锚杆直径、锚索间排距、锚杆预紧力、锚索长度、锚索预紧力。

表 4-6 围岩稳定性综合评价系数的极差分析结果

指标	A	B	C	D	E	F	G	H	I	J
k_1	0.781	0.786	0.768	0.554	0.696	0.757	0.759	0.754	0.846	1.111
k_2	0.737	0.742	0.739	0.807	0.764	0.763	0.753	0.732	0.748	0.784
k_3	0.741	0.731	0.752	0.898	0.799	0.739	0.747	0.772	0.666	0.363
极差	0.044	0.055	0.029	0.344	0.103	0.024	0.012	0.040	0.180	0.748

4.1.3 "三壳"协同支护围岩控制效果分析

4.1.3.1 无支护条件下围岩损伤规律

以分阶段无支护方式开挖浅槽排矸硐室,围岩内应力壳与塑性区的演化规律见图 4-9。由图 4-9 可看出:(1)浅槽排矸硐室开挖期间,应力壳逐步向远场移动且壳体内最大主应力峰值逐步降低;(2)随应力壳向远场运移,塑性区范围逐步扩大;(3)塑性区发育范围整体呈现底板>顶板>两帮的特征;(4)浅槽排矸硐室邻近自由面围岩卸压严重,主要发生剪切塑性破坏,采用混凝土喷层支护可恢复自由面围岩的三向应力状态,缓解围岩卸压程度,采用锚杆(索)支护可有效提高围岩的抗剪强度[153,166];(5)浅槽排矸硐室开挖期间,应当及时对围岩进行有效支护,从而增强岩体的自承能力,避免应力壳持续向远场移动,减小塑性区发育范围,实现围岩稳定的有效控制。

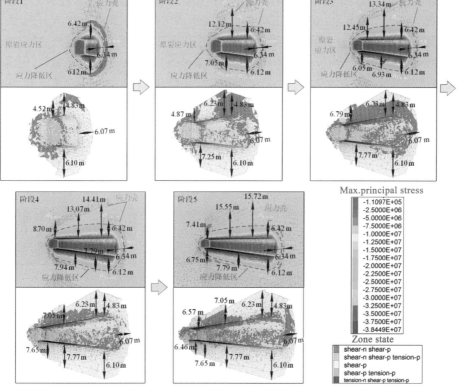

图 4-9 浅槽排矸硐室围岩损伤规律

4.1.3.2 "三壳"协同支护方案设计

基于浅槽排矸硐室围岩损伤规律,设计采用"三壳"协同支护技术控制围岩稳定:采用锚网索联合支护技术在围岩内部构建加固承载壳,采用喷射混凝土支护技术在围岩外部构建被动承载壳。考虑混凝土喷层的厚度越大其刚度也随之增大,不利于其与围岩变形相适应,实际施工时混凝土喷层厚度取 50～150 mm,本次实验混凝土喷层厚度取 150 mm,强度等级取 C20。

锚杆间排距对浅槽排矸硐室围岩控制效果的影响仅次于喷层厚度,为此对锚杆、锚索间排距进行优化。根据现场条件,锚杆规格为 $\phi 20$ mm×2 500 mm、预紧力为 110 kN,锚索规格为 $\phi 15.2$ mm×8 500 mm、预紧力为 160 kN,通过调整锚杆、锚索间排距,制定了表 4-7 所示的五组支护方案。

表 4-7　不同支护方案的锚杆、锚索间排距

方案	锚杆间排距/m	锚索间排距/m
方案一	1.4×1.4	2.0×4.2
方案二	1.2×1.2	2.0×3.6
方案三	1.0×1.0	2.0×3.0
方案四	0.8×0.8	2.0×2.4
方案五	0.6×0.6	2.0×1.8

应用各支护方案后,浅槽排矸硐室围岩内加固承载壳的形态如图 4-10 所示。由图 4-10 可看出:(1) 随锚杆间排距减小,围岩内压应力及锚固承载区的范围均逐步增大;(2) 采用方案一、二时,围岩内无法形成连贯的加固承载壳;(3) 采用方案三、四、五时,锚杆、锚索提供的径向约束力相互叠加,在围岩内形成了连贯的加固承载壳;(4) 采用各支护方案后,围岩稳定性综合评价系数 S 分别为 1.03、0.95、0.93、0.74、0.57,可看出锚杆间排距小于 1 m 后,围岩稳定性显著提高,但采用方案四、五时,锚杆(索)间排距较小,施工工序复杂、成本较高、掘进速度较慢,并且可通过调整其他支护参数提高围岩支护效果,实际施工时选用方案三。

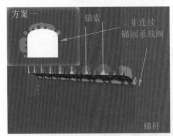
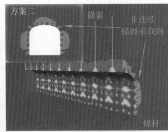
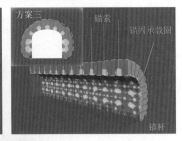
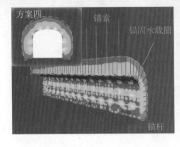
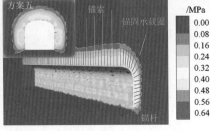

图 4-10　围岩内压应力分布

综合上述分析,确定了浅槽排矸硐室围岩支护方案:(1)锚杆采用螺纹钢树脂锚杆,规格为 ϕ22 mm×2 500 mm,间排距为 1 m×1 m,预紧力为 130 kN,托盘尺寸为 200 mm×200 mm×10 mm;(2)锚索规格为 ϕ22 mm×8 300 mm,间排距为 2 m×3 m,预紧力为 180 kN,托盘尺寸为 300 mm×300 mm×16 mm;(3)钢筋网采用 ϕ6 mm 钢筋制作,尺寸为 1 200/1 000 mm×2 000 mm;(4)混凝土喷层厚度为 150 mm,强度等级为 C20。

4.1.3.3　围岩控制效果模拟分析

分别对浅槽排矸硐室进行无支护、锚网索支护、混凝土喷层支护、锚网索喷支护("三壳"协同支护)模拟,得出围岩内最大主应力分布与塑性区发育范围,见图 4-11(a)。由图 4-11(a)可看出:(1)围岩支护后,应力壳两侧收缩明显,且采用锚网索喷支护时的收缩量

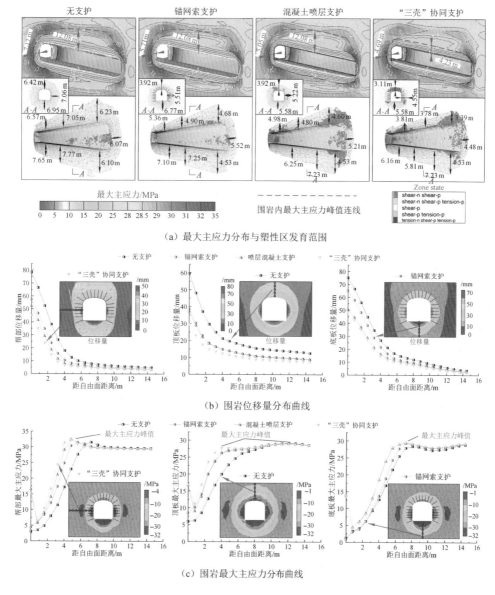

（a）最大主应力分布与塑性区发育范围

（b）围岩位移量分布曲线

（c）围岩最大主应力分布曲线

图 4-11　不同支护方案的围岩控制效果

最大;(2)应力壳顶部未发生明显收缩,底部收缩范围有限;(3)不同支护方式下塑性区发育范围呈无支护＞锚网索支护＞混凝土喷层支护＞锚网索喷支护的特征。

分别在浅槽排矸硐室中部横截面布置测线,得到图4-11(b)和图4-11(c)所示的围岩位移量与最大主应力分布曲线。分析图4-11(b)和图4-11(c)可知:(1)不同支护方式下围岩位移量整体呈现无支护＞锚网索支护＞混凝土喷层支护＞锚网索喷支护的特征;(2)浅槽排矸硐室支护后,围岩内最大主应力峰值位置向临空面移动;(3)采用锚网索及混凝土喷层支护时,顶板内的最大主应力峰值保持恒定,采用锚网索喷支护时,最大主应力峰值位置向临空面移动明显;(4)浅槽排矸硐室支护后,塑性区岩体内的最大主应力提升显著,这表明岩体的强度和完整性得到提高,自承能力增强;(5)锚网索支护、混凝土喷层支护对顶板的控制效果基本一致,但是锚网索支护对帮部及底板的控制效果弱于混凝土喷层支护;(6)显然,采用锚网索喷支护时围岩的控制效果最好,可充分发挥主、被动支护结构的协同承载作用,控制应力壳不向远场移动,实现应力壳对围岩的长时稳态控制。

4.1.3.4 围岩控制效果现场观测

新巨龙煤矿井下分选硐室群开掘并及时对围岩进行支护后,采用十字测量法紧跟迎头布置测点进行表面位移监测,浅槽排矸硐室与产品转运硐室围岩收敛量随时间变化曲线如图4-12(b)所示。由图4-12(b)可看出:浅槽排矸硐室开掘40～50 d后围岩变形进入稳定

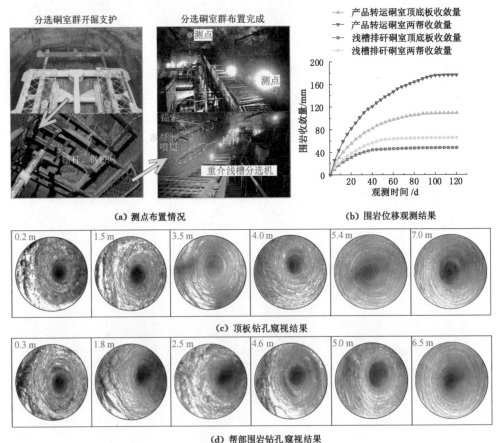

图 4-12　分选硐室群围岩位移监测与钻孔窥视结果

期,两帮收敛量为 65 mm,顶底板收敛量为 48 mm,围岩整体控制效果良好。产品转运硐室的支护方案与浅槽排矸硐室的一致,并且其断面尺寸相对较小,但围岩最终收敛量与进入稳定期时间显著高于与长于浅槽排矸硐室的,主要原因在于产品转运硐室未基于地应力场类型进行最优布置,未能充分发挥应力壳对围岩的控制作用,无法实现"三壳"对围岩的理想协同控制。两硐室围岩的最终收敛量均不影响硐室正常使用,这表明"三壳"协同支护技术可满足深井分选硐室群围岩长时稳定控制要求。

为进一步验证基于数值模拟确定的围岩塑性破坏范围的准确性,在浅槽排矸硐室的顶板及帮部分别进行钻孔窥视,结果见图 4-12(c)和图 4-12(d)。由图 4-12(c)和图 4-12(d)可看出,顶板围岩距临空面超过 4 m 后较为完整,帮部围岩距临空面超过 5 m 后较为完整,钻孔窥视与数值模拟结果基本吻合。

4.2 采动应力影响下分选硐室群围岩损伤规律与控制对策

基于围岩稳定要求,分选硐室群一般布置于邻近开采煤层的稳定岩层内:当分选硐室群布置于煤层顶板中时,为降低采动影响,需要留设一定宽度的保护煤柱,但保护煤柱宽度不宜过大,否则不仅会影响工作面布局,也会降低矿井采出率、浪费煤炭资源;若分选硐室群布置于煤层底板中,工作面跨采前经底板传递的超前采动应力也将影响分选硐室群围岩应力分布,但工作面跨采后若分选硐室群处于底板减压区内,则可实现"避压",但应避免分选硐室群顶板塑性区与工作面底板塑性区贯通,并且还应确保锚索锚固位置岩层的完整性。综上所述,分选硐室群的空间位置与工作面布局及开采规划相互影响、相互制约。由于不同矿井实际开采条件差异显著,难以针对采动应力影响下分选硐室群围岩的损伤规律进行定量研究,本节仍以新巨龙煤矿井下分选硐室群为工程背景进行探讨。

新巨龙煤矿井下分选硐室群整体布置于煤层顶板内厚度为 19.87 m 的粉砂岩中,具体空间位置:东部为北区胶带大巷、西部为 1301S 工作面改造巷、南部为一采区保护煤柱、北部为一采区回风上山。一采区南翼为矿井试采区,目前已开采 1302S、1303S、1304S、1305S 共4 个工作面,各工作面的平均布置长度为 65 m、走向长度为 670 m。考虑一采区保护煤柱留设宽度过大,浪费了大量优质煤炭资源,矿井生产后期可布置采煤工作面回收该区域煤炭资源,并且该区域距分选硐室群较近,若布置充填工作面也可降低矸石运输成本,因此设计在该区域布置一个工作面进行开采。根据周边巷道布置情况、保护煤柱留设要求且尽量降低北区胶带大巷和分选硐室群所受采动影响的要求,设计工作面具体位置和布置参数如图 4-13 所示。设计工作面采用后退式开采顺序,原煤运输路线为运输平巷→西翼辅助大巷1→一采区运输上山→北区胶带大巷→原煤入选巷道,矸石充填路线为矸石仓→一采区回风上山→西翼辅助大巷 2→回风平巷。研究将设计工作面分别布置为采煤工作面和充填工作面时,采动应力影响下分选硐室群围岩的损伤规律,进而确定两类工作面的合理停采位置。

4.2.1 采煤工作面采动影响下分选硐室群围岩损伤规律与控制对策

根据前述设计方案,采用 FLAC³ᴰ软件建立了图 4-14 所示的数值模型。模型中分选硐室群各巷硐的断面形状、空间尺寸、支护方式均与实际情况基本一致,各岩层的物理力学参数与本构模型选择、支护方式模拟方法以及结构单元力学参数、模型边界条件均与上节相同。

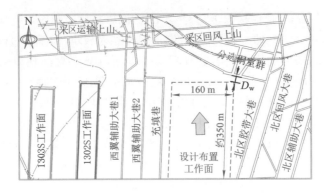

图 4-13   工作面设计布置方案

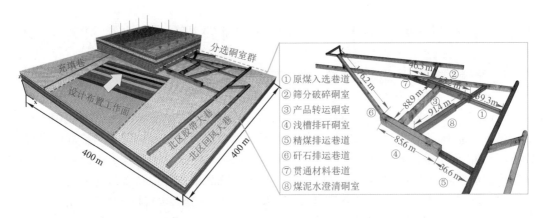

① 原煤入选巷道
② 筛分破碎硐室
③ 产品转运硐室
④ 浅槽排矸硐室
⑤ 精煤排运巷道
⑥ 矸石排运巷道
⑦ 贯通材料巷道
⑧ 煤泥水澄清硐室

图 4-14   分选硐室群受采动影响数值模型

随采煤工作面与分选硐室群水平间距 D_w（见图 4-13）取值变化，围岩塑性区发育情况如图 4-15 所示。由图 4-15 可看出：(1) 当 $D_w \geqslant 40$ m 时，分选硐室群围岩塑性破坏范围不变，但受超前采动应力影响，局部塑性区发生二次破坏，并且随 D_w 减小，采动影响区逐步向硐室 ⑥ 方向移动；(2) 当 $D_w \leqslant 30$ m 时，分选硐室群围岩新增塑性破坏区范围与 D_w 呈反比关系；(3) 当 $D_w \geqslant 20$ m 时，采煤工作面围岩塑性区不与分选硐室群的围岩塑性区贯通；(4) 硐室 ④、⑥ 以及硐室 ④ 与硐室 ③、⑧ 的交岔点是超前采动应力主要影响区，而硐室 ①、②、⑤、⑦ 所受采动影响则较小。

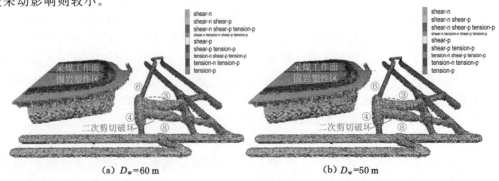

图 4-15   随采煤工作面推进围岩塑性区发育情况

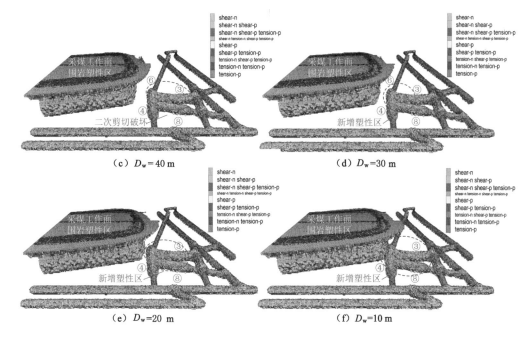

（c）$D_w = 40$ m

（d）$D_w = 30$ m

（e）$D_w = 20$ m

（f）$D_w = 10$ m

图 4-15（续）

由前述分析可知,硐室④、⑥及其交岔点是采煤工作面超前采动应力的主要影响区,分别监测各区域锚杆受力情况,结果见图 4-16。分析图 4-16 可知：（1）在分选硐室群开挖支护阶段,帮部锚杆轴力均维持于预紧力状态,顶板锚杆轴力则自预紧力显著升高,主要原因为顶板下沉导致锚杆内产生了较大的拉力；（2）硐室④与交岔点的顶板锚杆安装后,轴力由 130 kN

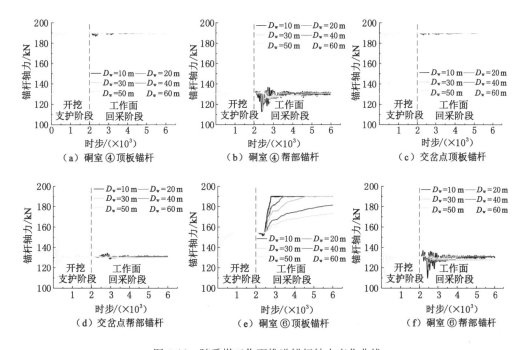

（a）硐室④顶板锚杆

（b）硐室④帮部锚杆

（c）交岔点顶板锚杆

（d）交岔点帮部锚杆

（e）硐室⑥顶板锚杆

（f）硐室⑥帮部锚杆

图 4-16　随采煤工作面推进锚杆轴力变化曲线

快速增长至抗拉极限 190 kN,锚杆可能发生脱锚或拉断破坏;(3) 硐室⑥顶板锚杆轴力在开挖支护阶段低于抗拉极限,主要是由于其断面尺寸小,顶板塑性破坏程度低,进入工作面回采阶段后,受超前采动应力影响其顶板塑性破坏范围显著加大,锚杆轴力亦同步提升,并且在 $D_w \leqslant 30$ m 时将发生拉断破坏;(4) 在工作面回采阶段,各区域帮部锚杆轴力均与 D_w 呈反比关系,主要原因为 D_w 越小,帮部围岩的收敛变形量越大,相应对锚杆的拉力也就越大。

分选硐室群不同区域锚索轴力变化曲线见图 4-17。分析图 4-17 可知:(1) 预应力锚索安装后轴力均逐步增大,围岩控制效果显著;(2) 在开挖支护阶段,交岔点帮部锚索的轴力最大,这表明此区域岩体变形破坏最严重;(3) 在开挖支护阶段,帮部锚索轴力普遍大于顶板锚索的,这表明此时顶板岩体的变形破坏程度弱于两帮的;(4) 在回采阶段,当 $D_w = 10$ m 时,硐室④、交岔点顶板锚索以及硐室⑥帮部锚索的轴力均逐步减小,主要原因为该区域岩体与采煤工作面围岩发生了贯通塑性破坏,锚索支护效果减弱,而当 $D_w \geqslant 20$ m 时,锚索轴力则逐步增大;(5) 回采阶段内硐室④帮部锚索的轴力显著降低,原因为该区域处于采煤工作面卸压区内;(6) 交岔点帮部锚索与硐室⑥顶板锚索的轴力均与 D_w 呈反比关系,并且在 D_w 为 10 m 时可能发生拉断破坏。

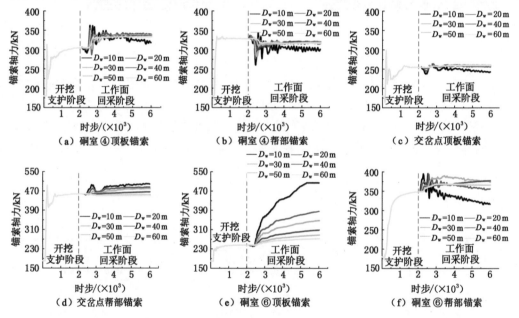

图 4-17　随采煤工作面推进锚索轴力变化曲线

图 4-18 为分选硐室群围岩收敛量变化曲线。由图 4-18 可看出:(1) 在开挖支护阶段,硐室④两帮收敛量大于顶底板收敛量,与前文所述现场观测数据一致,交岔点两帮收敛量小于顶底板收敛量,而硐室⑥的顶底板收敛量与两帮收敛量基本一致;(2) 在回采阶段,随 D_w 减小各区域围岩收敛量均逐步增大,且增长率逐步提高;(3) 在回采阶段,随 D_w 取值变化,各区域顶底板收敛量与两帮收敛量的大小关系始终保持一致;(4) 当 $D_w \geqslant 40$ m 时,各区域围岩收敛量相较开挖支护阶段变化不大,这表明此时采煤工作面的超前采动应力对分选硐室群围岩稳定性影响较小。

综上所述,当 $D_w \geqslant 40$ m 时,分选硐室群围岩塑性区发育范围未发生显著变化、锚杆锚

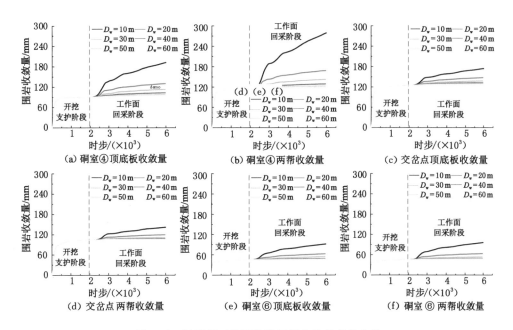

图 4-18 随采煤工作面推进围岩收敛量变化曲线

索原工作状态未受到明显影响、围岩收敛量也能够基本保持恒定,因此,若将设计工作面布置为采煤工作面,可将停采线位置划定在 $D_w = 40$ m 处。

4.2.2 充填工作面采动影响下分选硐室群围岩损伤规律与控制对策

若将设计工作面布置为充填工作面,矸石充实率将直接影响上覆岩层的运移规律[167]。所谓矸石充实率,是指达到充分采动后,充填矸石在覆岩充分沉降后被压实的最终高度与实际采高的比值。充实率越大,覆岩运移控制效果越好,地表下沉量越小;反之亦然。若以 h 表示充填工作面采高,h_r 表示采空区顶板最终下沉量,则充实率 φ 与采高 h 的关系为[168-169]:

$$\varphi = (h - h_r)/h \tag{4-1}$$

不同充实率条件下,充填工作面对分选硐室群的采动影响差异显著,分别研究 φ 为 40%、50%、60%、70%、80%、90%时,随充填工作面推进分选硐室群围岩的损伤规律。在原数值模型内通过改变采空区块体的本构模型及力学参数模拟矸石充填体,具体选用 Double-Yield 本构模型[170],通过周部位移限制的单轴压缩模拟实验初步确定块体力学参数的合理取值区间,而后基于 φ 值通过原模型反演具体确定块体的力学参数,单轴压缩试件的应变与充实率变化曲线见图 4-19。

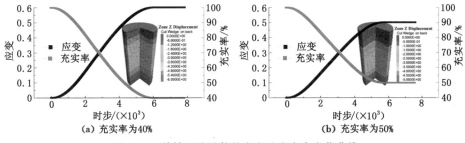

图 4-19 单轴压缩试件的应变及充实率变化曲线

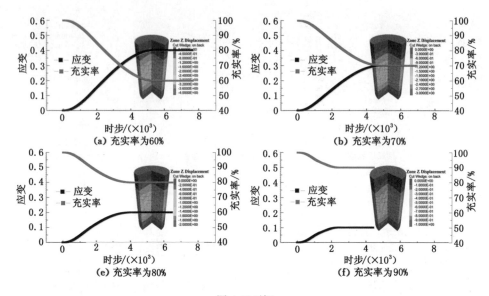

图 4-19（续）

φ 为 60％时随充填工作面推进围岩塑性区发育情况如图 4-20 所示。由图 4-20 可看出：(1) 充填工作面围岩的塑性破坏范围及程度均低于采煤工作面,随充填工作面推进,其围岩的塑性破坏范围及程度亦逐步增大；(2) 采空区内矸石充填体在上覆载荷作用下发生

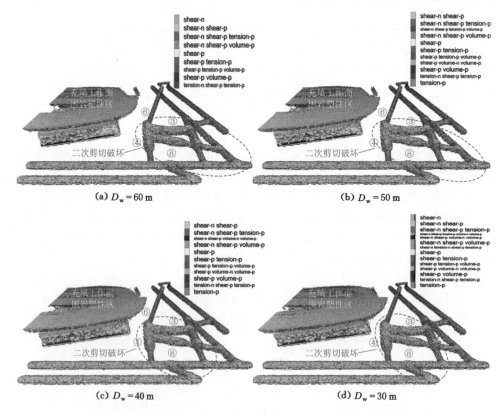

图 4-20　充实率为 60％时随充填工作面推进围岩塑性区发育情况

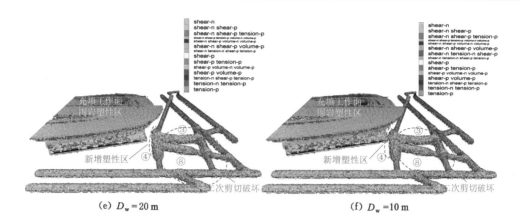

(e) $D_w = 20$ m   (f) $D_w = 10$ m

图 4-20(续)

了体积压缩破坏;(3) 当 $D_w \geqslant 30$ m 时,分选硐室群围岩塑性破坏范围保持恒定;(4) 当 D_w 保持恒定时,充填工作面对分选硐室群的采动影响及其范围均高于采煤工作面;(5) 随充填工作面推进,分选硐室群的采动影响区逐步向硐室⑥方向偏移。

　　D_w 为 10 m 时不同充实率条件下围岩塑性区发育情况如图 4-21 所示。由图 4-21 可看出:(1) 充填工作面覆岩的塑性破坏状态由矸石充填体的塑性破坏状态直接决定,当矸石充填体不再发生体积破坏时,覆岩的塑性破坏运动随即停止;(2) 充填工作面围岩塑性破坏范围与 φ 负相关;(3) 随 φ 逐步增大,充填工作面采动影响区的范围逐步收缩,贯通塑性区的

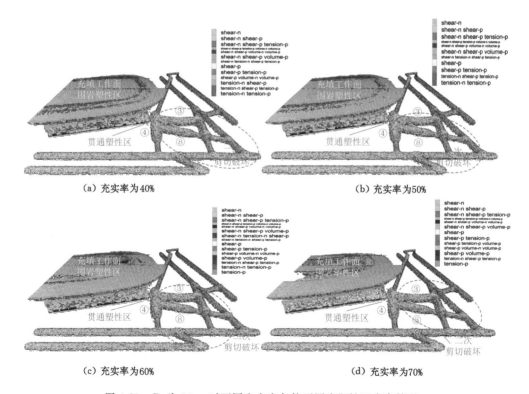

(a) 充实率为40%   (b) 充实率为50%

(c) 充实率为60%   (d) 充实率为70%

图 4-21　D_w 为 10 m 时不同充实率条件下围岩塑性区发育情况

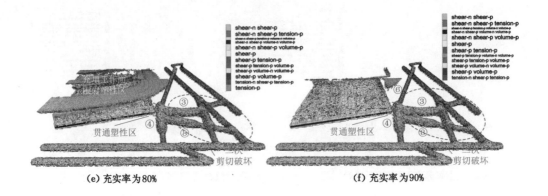

（e）充实率为80% （f）充实率为90%

图 4-21（续）

体积同步减小；（4）受采动影响区范围逐步收缩及矸石充填体持续发生体积破坏两因素的共同影响，φ 为 60% 时硐室④围岩内二次剪切破坏区的范围最大。

以 V_i 表示充填工作面回采前分选硐室群锚杆、锚索轴力的初始值。随充填工作面推进锚杆轴力变化曲线见图 4-22。分析图 4-22 可知：（1）硐室④、交岔点顶板锚杆轴力始终保持为抗拉极限值，充填工作面回采前已发生脱锚或拉断破坏。（2）帮部锚杆轴力在 $D_w \geqslant 30$ m 时略低于预紧力，并且与 φ 正相关，当 D_w 自 30 m 逐步减小后，锚杆轴力逐步恢复至预紧力状态。（3）当 $\varphi \leqslant 60\%$ 时，若 $D_w \leqslant 30$ m，硐室⑥顶板锚杆易于发生拉断破坏；当 $\varphi = 70\%$ 时，若 $D_w \leqslant 20$ m，硐室⑥顶板锚杆易于发生拉断破坏；当 $\varphi = 80\%$ 时，若 $D_w \leqslant 10$ m，硐室⑥顶板锚杆易于发生拉断破坏；而当 $\varphi \geqslant 90\%$ 时，硐室⑥顶板锚杆可长时处于稳定工作状态。

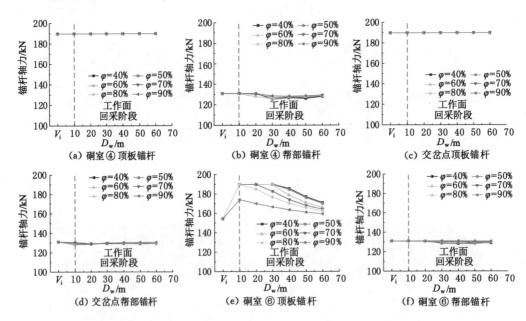

图 4-22 随充填工作面推进锚杆轴力变化曲线

随充填工作面推进锚索轴力变化曲线见图 4-23。分析图 4-23 可知：（1）在充填工作面回采阶段,锚索轴力均低于抗拉极限值,均可维持正常工作状态;(2)硐室④顶板锚索轴力虽整体波动性不强,但在 $D_w \geqslant 30$ m 范围内与 φ 呈反比关系,而在 $D_w < 30$ m 范围内则与 φ 呈正比关系;(3) φ 是硐室④帮部锚索轴力的主要影响因素,并且轴力与 φ 正相关;(4)交岔点顶板锚索的轴力与 φ 负相关,并且随 D_w 取值变化呈抛物线形分布,这表明 φ 值越大交岔点顶板岩体的变形破坏程度越小,当 $D_w \geqslant 30$ m 时交岔点顶板岩体的变形破坏程度与 D_w 呈反比关系,而当 $D_w < 30$ m 时则与 D_w 呈正比关系;(5)交岔点帮部锚索轴力在 $D_w \geqslant 30$ m 范围内与 φ 呈正比关系,在 $D_w < 30$ m 范围内则与 φ 呈反比关系;(6)硐室⑥顶板锚索的轴力随 φ、D_w 变化的波动性最强,并且与 φ、D_w 均呈反比关系。

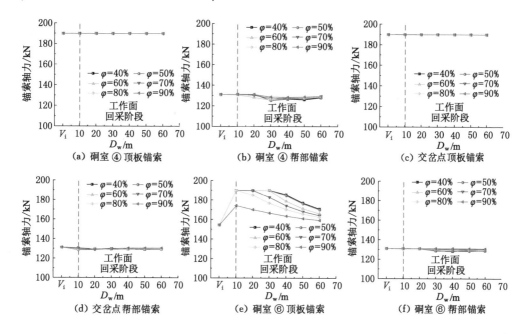

图 4-23　随充填工作面推进锚索轴力变化曲线

随充填工作面推进分选硐室群围岩收敛量变化曲线见图 4-24,此时 V_i 表示分选硐室群围岩收敛量的初始值。分析图 4-24 可知:(1)当 φ 恒定时,随 D_w 减小分选硐室群围岩收敛量逐步增大,且增长率逐步提高;(2)当 D_w 恒定时,除交岔点帮部围岩外,分选硐室群其他区域的围岩收敛量均与 φ 呈反比关系;(3)对比图 4-18 可知,当 D_w 恒定时,各区域围岩收敛量并不一定低于采煤工作面采动影响下各区域围岩收敛量(简称相应值),当 $\varphi \geqslant 80\%$ 时,在 D_w 为 10~30 m 范围内各区域围岩收敛量均高于相应值,当 $50\% \leqslant \varphi \leqslant 70\%$ 时,在 D_w 为 10~20 m 范围内各区域围岩收敛量普遍高于相应值,而当 $\varphi < 50\%$ 时各区域围岩收敛量均低于相应值。

以采煤工作面推进至 $D_w = 40$ m 处时分选硐室群内各巷硐的围岩收敛量作为设计充填工作面停采方案的依据,结合图 4-18 与图 4-24 分析得出:当 $\varphi < 70\%$ 时,充填工作面的最佳停采位置位于 $D_w = 40$ m 处;当 $70\% \leqslant \varphi < 90\%$ 时,充填工作面的最佳停采位置可划定在 $D_w = 30$ m 处;当 $\varphi \geqslant 90\%$ 时,充填工作面的停采位置可布置于 $D_w = 20$ m 处。

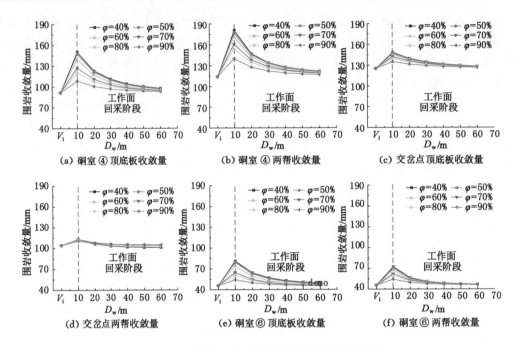

图 4-24　随充填工作面推进围岩收敛量变化曲线

4.3　振动动载影响下分选硐室群围岩损伤规律与控制对策

分选硐室群服务期间,内部集中布置滚轴筛、破碎机、带式输送机机头、重介浅槽分选机、脱介筛等大型机电设备(见图 3-40),机电设备运转不断向分选硐室群围岩传递振动载荷,在高地应力与振动载荷的耦合影响下,围岩面临裂隙扩展发育、塑性破坏范围增大、锚固应力降低、混凝土喷层开裂剥落、锚杆锚索脱锚失效等威胁。为此,本节基于相似模拟实验研究高地应力与振动动载耦合影响下分选硐室群围岩的损伤规律。

4.3.1　相似模拟实验设计

4.3.1.1　实验平台选择

本次实验选用煤炭资源与安全开采国家重点实验室自主设计的动静载组合相似模拟实验平台。如图 4-25 所示,平台由操控台、动载加载装置、静载加载装置与模型框架共同构成,具有操作简单、可循环加载的优点。操控台可调整动静载荷大小及加卸载,静载加载装置通过液压油缸控制加载板升降对模型施加静载应力,动载加载装置通过摆锤自由下落撞击滑杆对模型施加冲击动载,模型框架可满足模型铺设与边界位移限制的要求,尺寸为 1.6 m×0.4 m×1.2 m(长×宽×高)。

4.3.1.2　相似模型设计

（1）相似参数确定

本次相似模拟实验主要考虑材料的几何、重度、强度相似。根据新巨龙煤矿井下分选硐室群的实际断面形状、断面尺寸与轴向长度,并综合考虑开挖影响半径、模拟振动设备尺寸

（a）操控台

（b）动载加载装置

（c）静载加载装置与模型框架

图 4-25 动静载组合相似模拟实验平台

以及模型框架尺寸,确定模型的几何相似比 C_L 为 37.5。重度相似比 C_γ 需要根据分选硐室群围岩实际重度 γ_p 和相似材料平均重度 γ_m 确定,由表 4-1 和后文相似材料配比数据确定 C_γ 为 1.68。由式(3-8)计算确定模型的应力相似比 C_σ 和强度相似比 C_R 均为 63。

一般以振动烈度表示振动强烈程度,振动烈度由表征振动水平的参数(位移、速度、加速度)的最大值、平均值或均方值表示,本次实验选用振动加速度的最大值表征振动烈度。根据重力相似准则和相似理论中运动相似条件[171],分别得到式(4-2)和式(4-3),计算确定时间相似比 C_t 为 6.1,加速度相似比 C_a 为 1。

$$C_t = \sqrt{C_L} \tag{4-2}$$

$$C_a = \frac{C_L}{C_t^2} \tag{4-3}$$

（2）相似模型内分选硐室群布置方案

根据新巨龙煤矿分选硐室群实际断面尺寸(见表 2-1)与几何相似比 C_L,确定相似模型中筛分破碎硐室断面尺寸为 0.17 m×0.21 m,产品转运硐室的断面尺寸为 0.21 m×0.21 m,浅槽排矸硐室的断面尺寸为 0.20 m×0.24 m,各硐室断面形状均为三心拱。基于分选硐室群紧凑型布局原则,筛分破碎硐室与浅槽排矸硐室沿模型框架宽度方向平行布置,即两硐室轴向长度均为 0.4 m;产品转运硐室与两硐室垂直布置,由于实际产品转运硐室的轴向长度达 90.8 m,若完全根据 C_L 模拟则其在模型内的轴向长度应为 2.42 m,显然无法满足布置要求,因此综合考虑模型框架长度与边界效应影响,确定产品转运硐室轴向长度取 0.6 m。相似模型内分选硐室群与土压力盒的布置方案详见图 4-26。

（3）分选硐室群支护方案

新巨龙煤矿井下分选硐室群的实际支护方案如图 4-27(a)所示,考虑相似模型中各硐室空间尺寸较小,若完全根据几何相似比 C_L 模拟实际支护方案,锚杆、锚索数量较多,布置困难,因此在相似模型中适当加大了锚杆、锚索间排距,但锚杆、锚索的长度仍根据 C_L 计算确定,模拟支护方案见图 4-27(b)。实际支护时混凝土喷层的强度等级为 C20,根据强度相似比 C_R 计算确定混凝土喷层相似材料的单轴抗压强度为 317 kPa,参照相关文献中相似材料配比实验数据[137],选用配比号为 973 的相似材料模拟混凝土喷层。

（4）模型边界条件与加载条件

模型左右两侧与底部边界位移固定、顶部由静载加载装置施加垂直应力模拟上覆岩层载荷。参照图 4-2 可知,模型顶部对应埋深 773 m,根据应力相似比 C_σ 确定静载加载装置应施加 0.31 MPa 的垂直应力。

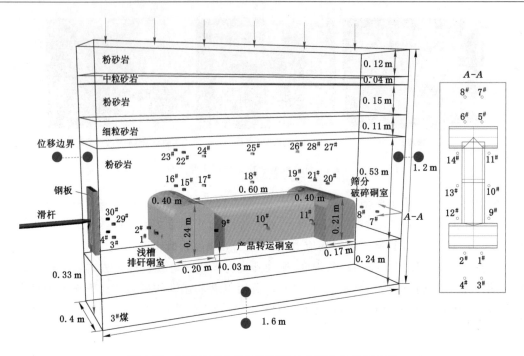

图 4-26　相似模型内分选硐室群与土压力盒布置示意

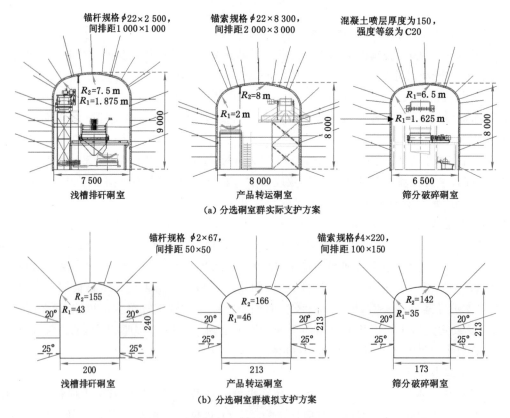

（a）分选硐室群实际支护方案

（b）分选硐室群模拟支护方案

图 4-27　分选硐室群的实际支护方案与模拟支护方案

4.3.1.3 振动载荷模拟

在分选硐室群内安置小型振动电机模拟分选设备的机械振动,振动电机及其内部构造如图 4-28(a)和图 4-28(b)所示。振动电机的工作原理为:在转轴两端对称安装一组可调偏心块,通过转轴带动偏心块高速旋转产生的离心力得到激振力,通过调整转轴转速、偏心块数量及分布可改变振动电机的振动烈度。图 4-28(c)所示的笔式测振仪可用于测量机电设备和振动电机的振动位移、速度及加速度三个物理量,主要技术参数见表 4-8。由于本次实验选用振动加速度的最大值表征振动烈度,且加速度相似比 C_a 为 1,因此测量机电设备实际的振动加速度后,通过调整振动电机的振动烈度就可实现振动载荷模拟。

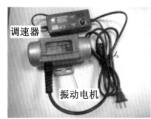

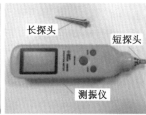

（a）振动电机　　　　　（b）振动电机内部构造　　　　　（c）笔式测振仪

图 4-28　振动电机与笔式测振仪

表 4-8　笔式测振仪主要技术参数

测量范围			频率范围/Hz		
加速度/(m/s²)	速度/(mm/s)	位移/mm	加速度测量	速度测量	位移测量
0.1~199.9	0.1~199.9	0.001~1.999	10~15 000	10~1 000	10~1 000

4.3.1.4 具体实验方案

在相似模型内筛分破碎硐室与产品转运硐室交岔点区域安置振动电机进行振动动载实验,浅槽排矸硐室则主要用于进行后文的冲击动载实验。

脱介筛的振动烈度在分选设备中最大[172],这主要是由脱介筛的工作特性决定的,因此实验主要参照脱介筛的振动烈度来确定振动载荷的大小。如图 4-29 所示,采用笔式测振仪实际测量脱介筛工作期间的振动特性参数,测试结果如表 4-9 所示,由于振动速度量程有限,未能准确测得脱介筛的最大峰值速度。由表 4-9 可知,脱介筛的最大振动烈度约为 40 m/s²,由此确定实验时振动烈度分别取 10 m/s²、20 m/s²、30 m/s²、40 m/s²、50 m/s²、60 m/s²。实验时为防止振动电机在浅槽排矸硐室内往复"摆动",将其安装在固定的实木压

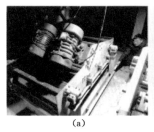
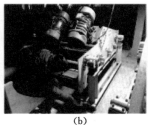
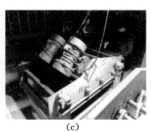

（a）　　　　　　　　　（b）　　　　　　　　　（c）

图 4-29　脱介筛振动参数测定

缩板上。

表 4-9　脱介筛的振动参数

测试设备	测点位置	最大峰值加速度 /(m/s²)	最大峰值速度 /(mm/s)	最大峰值位移 /mm	频率 /Hz
1#脱介筛	前支座	37.50	199.90	4.25	16.50
	后支座	31.80	199.90	2.83	
	前梁	48.90	3.86	0.03	
2#脱介筛	前支座	36.20	199.90	3.75	16.50
	后支座	29.80	199.90	2.92	
	前梁	47.10	4.64	0.04	

4.3.2　相似材料选择

4.3.2.1　煤岩层相似材料选择

模型中岩层相似材料的配比参照山东科技大学前期所做的新巨龙煤矿分选硐室群围岩变形破坏演化规律相似模拟实验确定[19]，详见表 4-10。

表 4-10　模型中相似材料配比及铺设层次

层号	岩性	厚度/m	配比号	总质量/kg	河沙质量/kg	碳酸钙质量/kg	石膏质量/kg	水质量/kg
1	粉砂岩	0.12	755	138.24	96.77	20.74	20.74	19.75
2	中粒砂岩	0.04	837	43.01	34.41	2.58	6.02	6.14
3	粉砂岩	0.15	755	178.18	124.72	26.73	26.73	25.45
4	细粒砂岩	0.11	782	128.41	89.89	30.82	7.70	18.34
5	粉砂岩	0.53	755	610.41	427.28	91.56	91.56	87.20
6	3#煤	0.24	864	280.78	224.62	33.69	22.46	40.11

4.3.2.2　相似支护材料选择

相似支护材料的几何尺寸与力学性质原则上应根据工程实际和相似准则综合确定，但实际在选取相似支护材料时难以同时满足几何与应力相似。本研究在选取相似支护材料时，重点考虑几何相似，其强度允许存在一定偏差[133]：选用尺寸为 $\phi 2\ mm \times 67\ mm$ 的螺杆作为锚杆相似材料，锚杆托盘采用尺寸为 $10\ mm \times 10\ mm$ 的正方形 304 钢垫片模拟，通过螺母可对锚杆施加预紧力，见图 4-30(a)；选用尺寸为 $\phi 4\ mm \times 220\ mm$ 的螺杆作为锚索相似材料，锚索托盘采用尺寸为 $12\ mm \times 12\ mm$ 的正方形 304 钢垫片模拟，通过蝶形螺母可对锚索施加预紧力，如图 4-30(b)所示；采用 6 目的铁丝网作为金属网相似材料，见图 4-30(c)；选用配比号为 973 的相似材料模拟混凝土喷层。锚杆、锚索相似材料的具体力学参数列于表 4-11。

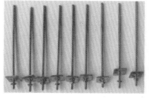 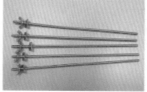 

（a）锚杆相似材料　　　　　（b）锚索相似材料　　　　　（c）金属网相似材料

图 4-30　支护构件相似材料

表 4-11　工程实际与相似模拟中支护材料力学参数

支护材料	类别	直径/mm	长度/m	延伸率/%	弹性模量/GPa	屈服强度/GPa	抗拉强度/MPa
锚杆	工程实际	22	2.5	25	98.6	350	580
	相似材料	2	0.067	40	19.3	75	160
锚索	工程实际	22	8.3	14	186.0	310	1 720
	相似材料	4	0.22	40	19.3	205	520

4.3.3　相似模型制作

根据表 4-10 所示配比方案，采用河沙、石膏、碳酸钙和水依次配置、铺设各岩层相似材料。考虑若按实际工序在模型开挖后再安装锚杆、锚索，不仅难度较大，也难以施加预紧力，为此采用预埋方式布置锚杆、锚索及铁丝网。为确保硐室群断面具有满意的平整度，同时便于在铺设模型过程中固定锚杆、锚索，采用密度为 $25\ kg/m^3$ 的泡沫制作了分选硐室群模型，铺设模型期间根据分选硐室群布置方案将分选硐室群泡沫模型埋置于模型内。相似模型的具体制作流程如图 4-31 所示。

（a）晾沙　　　　　　　　　（b）称重　　　　　　　　　（c）搅拌

（d）上料　　　　　　　　　（e）振捣　　　　　　　　　（f）置模

图 4-31　相似模型制作流程

| （g）埋设支护材料 | （h）铺设模型结束 | （i）拆模养护 |

图 4-31（续）

模型晾干后，通过静载加载装置对模型施加 0.31 MPa 的垂直应力，然后拆除分选硐室群泡沫模型，此时硐室群内部如图 4-32（a）所示；继续在分选硐室群围岩表面刷涂混凝土喷层相似材料，见图 4-32（b）。

| 筛分破碎硐室 | 产品转运硐室 | 浅槽排矸硐室 |

（a）锚网索支护

| 筛分破碎硐室 | 产品转运硐室 | 浅槽排矸硐室 |

（b）锚网索喷支护

图 4-32 相似模型内分选硐室群支护方法

4.3.4 实验监测方法

通过在相似模型内布置的土压力盒监测分选硐室群围岩垂直应力变化情况，土压力盒布置方案详见图 4-33；在模型前后布置 8 个声发射探头监测围岩内部裂隙扩展状况及滑移所释放的能量；采用位移传感器监测分选硐室群围岩收敛量。

4.3.5 实验结果分析

混凝土喷层相似材料自然风干后，按照设计方案进行实验。本次实验共分为 6 个加载阶段，各阶段加载时间均为 2 h，振动烈度依次为 10 m/s²、20 m/s²、30 m/s²、40 m/s²、50 m/s²、60 m/s²。各阶段分选硐室群交岔点围岩变形破坏情况如图 4-34 所示。由图 6-34

(a) 应力监测　　　　　　(b) 声发射监测　　　　　(c) 收敛量监测

图 4-33　相似模拟实验监测方法

可看出,振动烈度为 10 m/s² 时,交岔点围岩未发生显著破坏;振动烈度为 20 m/s² 时,筛分破碎硐室右帮处喷层先开裂剥落;振动烈度达 40 m/s² 后,交岔点处喷层开裂剥落,围岩同时出现"掉渣"现象;振动烈度继续增大后,喷层与围岩的开裂剥落程度显著加剧。上述分析表明,脱介筛正常工作期间向围岩传递的振动载荷将引起混凝土喷层开裂剥落、松动圈内岩体破裂的程度加剧。

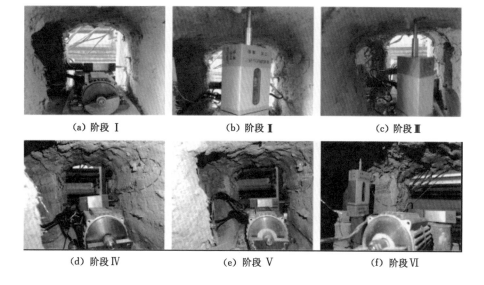

(a) 阶段Ⅰ　　　　　　　(b) 阶段Ⅱ　　　　　　　(c) 阶段Ⅲ

(d) 阶段Ⅳ　　　　　　　(e) 阶段Ⅴ　　　　　　　(f) 阶段Ⅵ

图 4-34　分选硐室群围岩的变形破坏情况

　　分选硐室群初始平衡及实验期间交岔点区域岩体内垂直应力变化曲线如图 4-35 所示。分析图 4-35 可知:(1) 根据 5#—8# 土压力盒应力监测结果,在第Ⅰ加载阶段筛分破碎硐室的右帮围岩垂直应力略有减小,这表明该区域围岩受振动动载影响发生了一定程度的塑性破坏,从而产生了一定的卸压效果。在第Ⅱ加载阶段,5#、6# 压力盒监测的垂直应力降幅显著,这表明近自由面帮部围岩的破裂程度显著增大。在第Ⅲ、Ⅳ加载阶段,垂直应力仍呈现整体降低趋势。进入第Ⅴ、Ⅵ加载阶段后,5#、6# 压力盒监测的垂直应力再次显著降低,这表明近自由面帮部围岩的变形破坏程度再次显著增大。(2) 10#、11#、13#、14# 土压力盒的应力监测结果表明,进入第Ⅱ加载阶段后,交岔点近自由面帮部围岩发生了明显的塑性破坏,随振动载荷继续增大,该区域围岩的变形破坏程度持续加剧。进入第Ⅳ加载阶段后,13#、14# 土压力盒所监测的垂直应力呈现降低趋势,这表明当振动烈度达到 40 m/s² 时,产品转运硐室中部区域的帮部围岩由于受到振动动载影响而发生塑性破坏。(3) 根据 18#、19#、21#、26# 土压力盒的应力监测结果,在相同标高的顶板岩层内,交岔点处的垂直应力最小,这表明交岔点顶板内岩体的变形破坏程度最大。进入第 II 加载阶段后,顶板内的垂直应力随振动动载增大而逐步减小,这表明顶板的稳定性逐步降低。

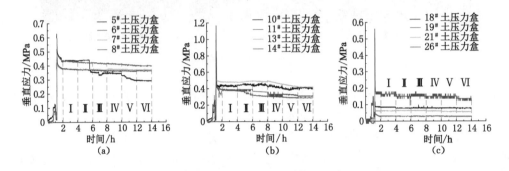

图 4-35　不同振动烈度条件下围岩垂直应力监测结果

各加载阶段的声发射监测数据如图 4-36 所示,图中振铃计数可反映声发射事件的总量、频度以及一定程度的信号幅值,绝对能量是声发射撞击信号能量的真实反映,累计能量是阶段内绝对能量之和[173]。由图 4-36 可看出:(1) 振铃计数及总耗散能均与振动烈度正相关;(2) 第 I 加载阶段内振铃计数与总耗散能较小,这表明振动烈度为 10 m/s² 时分选硐室群喷层及围岩内新生裂隙数量较少,围岩稳定性未受到显著影响;(3) 第 II 加载阶段初期的振铃计数与累计能量明显高于后期的,这表明振动烈度初始调整为 20 m/s² 时,喷层与围岩均发生一定程度的破坏,而后逐步趋于稳定;(4) 进入第 III 加载阶段后,振铃计数与累计

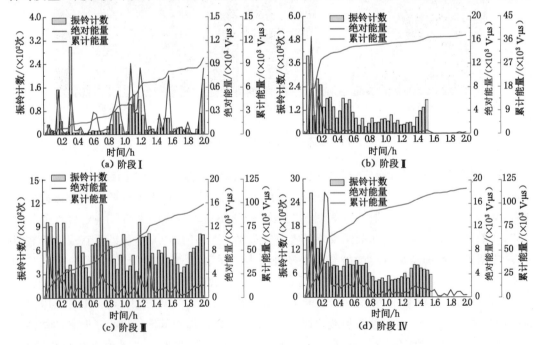

图 4-36　不同振动烈度条件下声发射监测结果

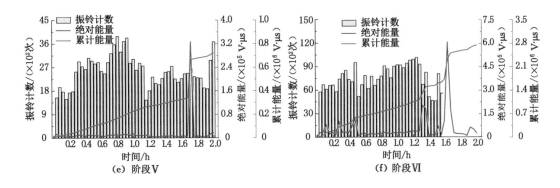

图 4-36（续）

能量均得到显著跃升,并且该阶段内振铃计数整体均匀分布,总耗散能的增长率也大致恒定,这表明在振动动载影响下喷层及围岩内的新生裂隙持续扩展发育;(5)第Ⅳ加载阶段初期振铃计数密集,累计能量增速较大,这表明喷层及围岩内产生了更多的新生裂隙,积聚的弹性能进一步得到释放,而后随振动动载的持续施加,喷层及围岩的变形破坏程度减弱;(6)进入第Ⅴ、Ⅵ加载阶段后,振铃计数与累计能量再次发生显著跃升,喷层与围岩内变形破坏程度进一步增大。

　　图 4-37 所示为振动动载实验各阶段分选硐室群围岩收敛量变化曲线。由图 4-37 可看出,随振动烈度变化两帮收敛量始终大于顶底板收敛量,并且交岔点处围岩收敛量最大,筛分破碎硐室及产品转运硐室的围岩收敛量依次递减。当振动烈度为 20 m/s²、50 m/s² 时,收敛量变化曲线出现明显拐点,与前述分析基本一致,这表明此时分选硐室群围岩均发生了显著破坏。根据变形量相似比 C_δ 换算可知,脱介筛工作期间向分选硐室群围岩传递的振动载荷可使围岩产生 84 mm 左右的最大变形量。

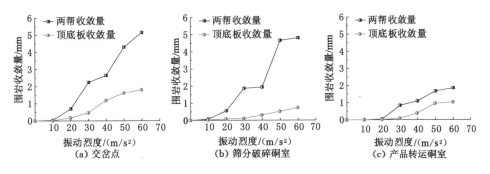

图 4-37　不同振动烈度条件下围岩收敛量变化曲线

4.3.6　振动动载影响下分选硐室群围岩控制对策

　　前述研究表明,分选设备正常运转产生的振动载荷会对分选硐室群围岩的稳定性产生显著影响,尤其会引起混凝土喷层开裂以及松动圈岩体剥落,因此,可采用注浆加固技术提高松动圈岩体的完整性与稳定性、适当提高混凝土喷层强度以及在混凝土喷层剥落后及时补喷树脂砂浆来降低振动载荷对分选硐室群围岩稳定性的影响。

4.4 冲击动载影响下分选硐室群围岩损伤规律与控制对策

针对冲击地压形成机理,国内外学者相继提出了一些重要理论,比较具有代表性的有强度理论[174]、刚度理论[175]、能量理论[176]、冲击倾向性理论[177]、失稳突变理论[178]、三因素理论[179]以及强度弱化减冲理论[180]等,但目前尚未形成共识。一般认为,深井开采处于高地应力环境,围岩内积聚了较高的弹性应变能,当高弹性应变能达到岩爆临界值或受到采掘应力等外部因素扰动时将突然释放,进而引起自由面岩体爆裂脱落、剥离、弹射、抛掷等动力破坏现象[181-182]。根据冲击地压形成的主控因素,可将其划分为顶板破断型、煤柱破坏型、断层滑移型和褶曲构造型等四类[183]。若深井分选硐室群发生冲击地压,不仅会严重威胁作业人员安全、损毁相关分选设备,也会导致采选充一体化系统无法短时间内恢复正常运行。为避免上述情况发生,应将分选硐室群布置于无冲击倾向性的岩层内,并且围岩支护结构应当具有一定的防冲能力。本节主要研究冲击动载强度、位置、频率变化影响下分选硐室群围岩的损伤规律。

4.4.1 冲击动载影响下分选硐室群围岩损伤规律模拟分析

4.4.1.1 冲击动载强度影响下分选硐室群围岩损伤规律

新巨龙煤矿曾于 2020 年 2 月 22 日发生冲击地压事故,已属冲击地压矿井。为此,仍然以新巨龙煤矿井下分选硐室群为工程背景,研究随冲击动载强度变化围岩的损伤规律。为确保冲击载荷强度为单一控制变量,同时缩短动力学计算时间,将原模型三维尺寸缩小至 180 m×260 m×40 m,模型静载加载条件与位移边界条件仍与前文一致。冲击载荷加载点位于分选硐室群上方,至浅槽排矸硐室的水平间距为 60 m,见图 4-38,冲击动载强度分别取 2 MPa、4 MPa、6 MPa、8 MPa、10 MPa,频率为 20 Hz,计算时间为 5 s。

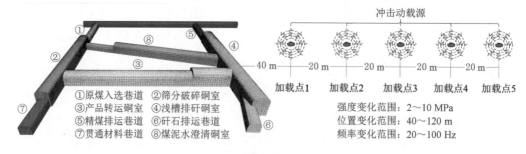

图 4-38　分选硐室群受冲击动载影响数值模型

随冲击动载强度变化分选硐室群围岩塑性区发育情况如图 4-39 所示。由图 4-39 可看出:(1)冲击动载强度低于 4 MPa 时,分选硐室群围岩塑性区未见明显二次发育;(2)冲击动载强度自 4 MPa 逐步增大后,近浅槽排矸硐室围岩内塑性区发育范围逐步增大,增长率逐步提高,分选硐室群围岩受冲击动载影响范围亦同步增大;(3)基于支承压力运移与塑性区发育的一致性可知,塑性区扩展区域围岩内支承压力峰值呈非线性趋势增大且逐步向远场移动,松动圈范围同步增大;(4)原煤入选巷道、筛分破碎硐室、贯通材料巷道由于与冲击动载源相距较远,受冲击动载影响较小,围岩塑性区始终未见明显二次发育。

以 V_i 表示未施加冲击动载时分选硐室群围岩收敛量的初始值。随冲击动载强度变化

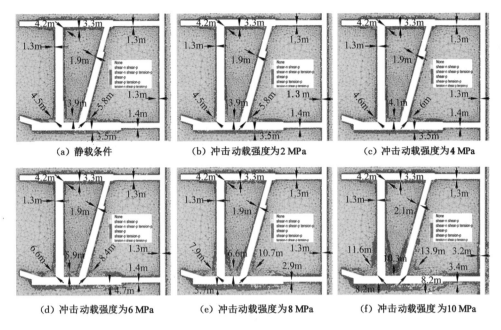

(a) 静载条件   (b) 冲击动载强度为2 MPa   (c) 冲击动载强度为4 MPa

(d) 冲击动载强度为6 MPa   (e) 冲击动载强度为8 MPa   (f) 冲击动载强度为10 MPa

图 4-39　随冲击动载强度变化分选硐室群围岩塑性区发育情况

分选硐室群围岩收敛量拟合曲线见图 4-40。分析图 4-40 可知:(1) 分选硐室群围岩收敛量与冲击动载强度正相关;(2) 筛分破碎硐室围岩收敛量随冲击动载强度增大呈线性增长,但整体变化不大;(3) 交岔点及浅槽排矸硐室围岩收敛量随冲击动载强度增大呈非线性增长;(4) 受冲击动载源位置影响,交岔点两帮收敛量始终低于顶底板收敛量,浅槽排矸硐室两帮收敛量始终高于顶底板收敛量。

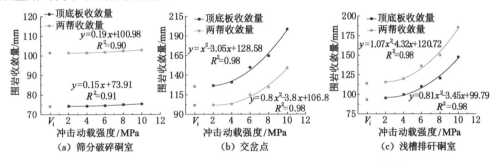

(a) 筛分破碎硐室   (b) 交岔点   (c) 浅槽排矸硐室

图 4-40　随冲击动载强度变化分选硐室群围岩收敛量拟合曲线

4.4.1.2　冲击动载位置影响下分选硐室群围岩损伤规律

冲击动载强度为 4 MPa、频率为 20 Hz、加载时间为 5 s、与浅槽排矸硐室的水平间距分别为 20 m、40 m、60 m、80 m、100 m 时,分选硐室群围岩塑性区发育情况见图 4-41。

由图 4-41 可看出:(1) 随距冲击动载源距离增大,分选硐室群围岩塑性破坏范围逐步减小,当距冲击动载源距离超过 80 m 后,围岩塑性区发育范围趋于静载水平;(2) 分选硐室群围岩受冲击动载影响范围与距冲击动载源距离负相关;(3) 距冲击动载源距离小于 40 m 时,原煤入选巷道、筛分破碎硐室及贯通材料巷道局部围岩发生了二次剪切破坏,交岔点区域围岩塑性破坏范围增长明显。

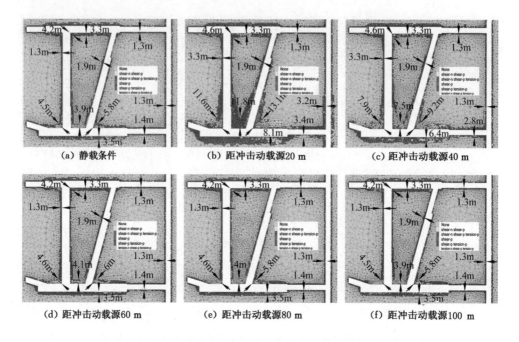

图 4-41　随冲击动载位置变化分选硐室群围岩塑性区发育情况

随冲击动载源位置变化分选硐室群围岩收敛量拟合曲线见图 4-42。分析图 4-42 可知：(1) 分选硐室群围岩收敛量与距冲击动载源距离负相关；(2) 距冲击动载源距离超过 80 m 后，围岩收敛量趋于静载水平；(3) 浅槽排矸硐室两帮收敛量随距冲击动载源距离变化的波动性最强，筛分破碎硐室顶底板收敛量的波动性最弱。

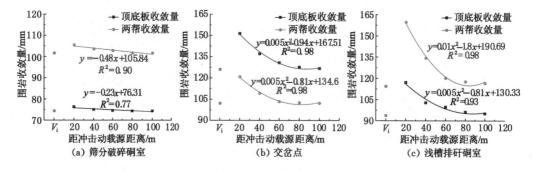

图 4-42　随冲击动载位置变化分选硐室群围岩收敛量拟合曲线

4.4.1.3　冲击动载频率影响下分选硐室群围岩损伤规律

距冲击动载源距离为 60 m、强度为 4 MPa、加载时间为 5 s、频率分别为 20 Hz、40 Hz、60 Hz、80 Hz、100 Hz 时，分选硐室群围岩塑性区发育情况见图 4-43。由图 4-43 可看出：(1) 分选硐室群围岩塑性区发育范围与冲击动载频率正相关；(2) 冲击动载频率为 60 Hz、100 Hz 时，近浅槽排矸硐室围岩内塑性区发育范围呈"跃升"式增长；(3) 分选硐室群围岩受冲击动载影响范围与冲击动载频率正相关；(4) 原煤入选巷道、筛分破碎硐室及贯通材料巷道围岩塑性区发育范围始终趋于静载水平，并且围岩未发生二次剪切破坏。

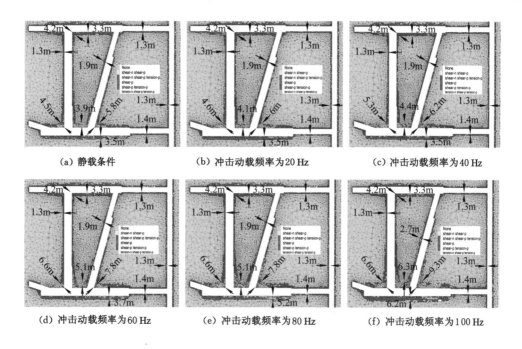

图 4-43　随冲击动载频率变化分选硐室群围岩塑性区发育范围

随冲击动载频率变化分选硐室群围岩收敛量拟合曲线如图 4-44 所示。由图 4-44 可看出,随冲击动载频率变化,筛分破碎硐室围岩收敛量始终趋于静载水平;交岔点及浅槽排矸硐室的围岩收敛量与冲击动载频率正相关,并且呈非线性增长。

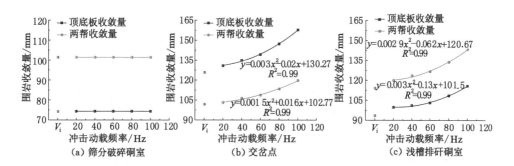

图 4-44　随冲击动载频率变化分选硐室群围岩收敛量拟合曲线

4.4.2　冲击动载影响下分选硐室群围岩损伤规律实验研究

采用 4.3 节中的新巨龙煤矿井下分选硐室群相似模型进行冲击动载模拟实验。实验原理如图 4-45 所示,通过操控台将摆锤抬升至不同设定高度,摆锤自由下落后通过滑杆撞击模型内预先埋设的钢板,从而实现对分选硐室群施加不同强度的冲击动载。摆锤质量为 20 kg,摆杆长度为 1 m,摆锤可抬升最大高度为 2 m。实验共分为 6 个加载阶段,各阶段内摆锤撞击滑杆后确保不再发生二次撞击,具体实验方案见表 4-12。

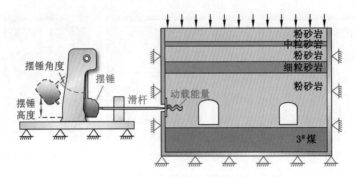

图 4-45　冲击动载实验装置原理

表 4-12　冲击动载相似模拟实验方案

方案编号	摆锤高度/m	摆锤重力势能/J	冲击动载/MPa	模拟动载/MPa
1	0.1	20	0.047	2.97
2	0.2	40	0.066	4.20
3	0.4	80	0.094	5.94
4	0.7	140	0.125	7.86
5	1.1	220	0.156	9.85
6	1.6	320	0.189	11.88

　　不同冲击动载影响下分选硐室群围岩变形破坏情况见图 4-46。由图 4-46 可看出,在阶段Ⅰ、Ⅱ,筛分破碎硐室受冲击侧近底板喷层开裂,顶帮喷层"掉渣",围岩整体稳定性较好;在阶段Ⅲ,筛分破碎硐室受冲击侧帮部喷层脱落严重,并且帮部围岩已产生明显裂隙,局部锚杆脱锚失效;进入阶段Ⅳ后,随冲击动载增大,喷层开裂剥落程度逐步加剧,锚杆(索)脱锚数量逐步增多,受冲击侧帮部围岩的收敛幅度逐步增大,顶底板收敛幅度变化相对较小,由于金属网的预张力较强,已碎裂岩体并未涌出至筛分破碎硐室内。

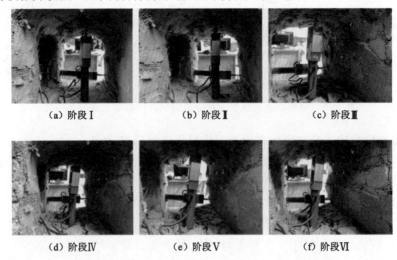

(a) 阶段Ⅰ	(b) 阶段Ⅱ	(c) 阶段Ⅲ
(d) 阶段Ⅳ	(e) 阶段Ⅴ	(f) 阶段Ⅵ

图 4-46　不同冲击动载条件下围岩的变形破坏情况

图 4-47 所示为实验期间围岩声发射监测数据。由图 4-47 可看出：随冲击动载增大，岩体破裂产生的总耗散能逐步增加；振铃计数结果表明，在阶段Ⅰ、Ⅱ，虽在图 4-46 中由于喷层材料阻隔未能观测到分选硐室群围岩的变形破坏情况，但实际围岩内部已产生大量新生裂隙；阶段Ⅰ内振铃计数峰值高于阶段Ⅱ、Ⅲ，这表明在阶段Ⅰ围岩短时间内新生裂隙数量显著高于其他两个阶段；进入阶段Ⅳ后，振铃计数总数与累计能量均发生明显跃升，这表明围岩变形破坏程度显著加剧，新生了大量裂隙，围岩内积聚的弹性能再次得到释放；进入阶段Ⅴ、Ⅵ后，围岩的变形破坏程度随冲击动载增大而进一步加剧。

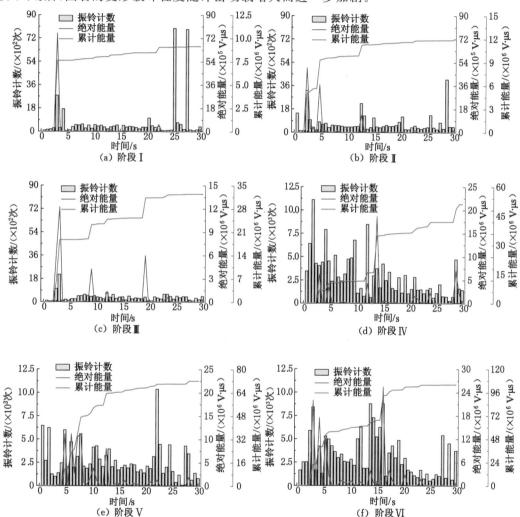

图 4-47　不同冲击动载条件下声发射监测结果

图 4-48 所示为冲击动载实验各阶段分选硐室群围岩收敛量变化曲线。由图 4-48 可看出，分选硐室群围岩收敛量与冲击动载正相关，且呈非线性增长；浅槽排矸硐室两帮收敛量随冲击动载变化的波动性最强，这主要是由冲击动载源位置决定的；随冲击动载增大，交岔点顶底板收敛量的增速显著大于两帮收敛量；交岔点及产品转运硐室围岩收敛量随冲击动载变化整体变化较小，原因为浅槽排矸硐室起到吸震作用；实验结果与前述数值模拟结果基

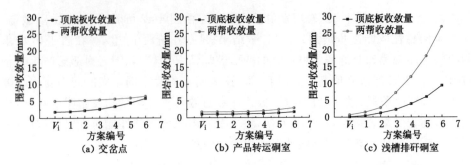

图 4-48　不同冲击动载条件下围岩收敛量变化曲线

本一致。

4.4.3　冲击动载影响下分选硐室群围岩控制对策

综合前述研究可知,分选硐室群围岩变形破坏程度及范围随冲击动载增大、扰动次数增加呈非线性趋势增大,而随与冲击动载源距离增大呈非线性趋势减小。为减小冲击扰动范围,避免围岩发生连锁失稳,分选硐室群布置时可适当加大平行硐室间距。同时,分选硐室群服务期间,可组合应用高强、让压、吸能等支护材料对围岩进行二次支护,以提升分选硐室群的抗冲击能力。

5　深井采-充空间优化布局方法

采-充空间布局合理是深部采选充一体化矿井安全高效开采的重要保证。本章主要探讨深部采选充一体化矿井适用的采-充空间布局方法,分析采-充空间布局的主要影响因素及其相对权重,基于采充协调要求和"以采定充"和"以充定采"两类限定条件探究采-充空间布置参数与工艺参数的动态调整方法,分别提出适用于地表沉陷控制、冲击地压防治、沿空留巷、瓦斯防治、保水开采五种工程需求的采-充空间优化布局方法。

5.1　采-充空间布局方法分类

深部采选充一体化矿井应当根据矸石就地充填需求与工程充填目标(岩层运动与地表沉陷控制、沿空留巷、灾害防治、保水开采等)选择、设计合理的充填方法,确定充填工艺参数。充填方法主要涵盖充填物料与充填工艺选择、充填装备选型和充填空间布局三方面内容[32]。常用的充填物料主要有矸石、黄土、风积沙、粉煤灰、矸石基混合材料、高水材料等,充填工艺可分为干式充填、胶结充填、高水充填等类型。与其他类型综采工作面遵循"三机"配套原则不同,充填工作面需要满足"四机"配套,即采煤机-充填液压支架-刮板输送机-多孔底卸式输送机,见图5-1。充填空间布局是相对采煤空间而言的,井下采-充空间布局方法可具体分为全采全充、全采局充、局采全充、局采局充四种类型[32]。

（a）采煤机　　　（b）充填液压支架　　　（c）刮板输送机　　　（d）多孔底卸式输送机

图5-1　充填开采关键装备

5.1.1　全采全充

全采全充是指将开采块段内划定的煤炭资源全部采出,并对所形成的采空区进行部分或全部密实充填,以达到有效控制覆岩运动与地表下沉目标的开采方法。采用全采全充型布置的矿井,井下采煤、充填空间一致,工作面内采充活动交替进行。如图5-2所示,根据充填方式差异可将全采全充划分为全部密实充填和条带密实充填两种类型;若考虑回采巷道布置方式等因素可继续将上述两种类型划分为留巷全部密实充填、留巷条带密实充填等亚类。

全采全充型布置的优点主要有:(1)煤炭资源采出率高;(2)采场矿山压力显现缓和、煤壁片帮控制及巷道维护简单;(3)可有效控制覆岩运动与地表沉陷;(4)可根据需要灵活

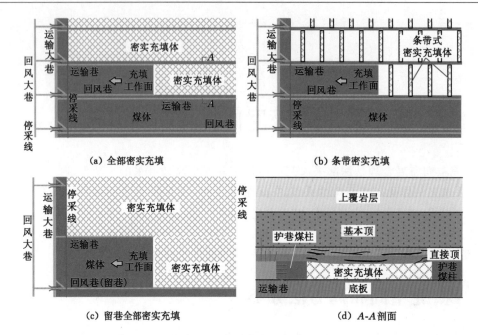

图 5-2　全采全充型布置

配置不同类型的充填工艺,适用范围广。但由于全采全充型布置对覆岩产生整体性扰动,存在沉陷失控风险[93],并且所有工作面均需要兼顾采充活动,实际开采效率较低。

5.1.2　全采局充

全采局充是指将开采块段内划定的煤炭资源全部采出,而后对全部采空区进行非密实充填,或者对局部采空区进行密实或非密实充填的开采方法。采用全采局充型布置的矿井,采空区由垮落岩体和密实充填体或非密实充填体共同构成。如图 5-3 所示,根据充填位置

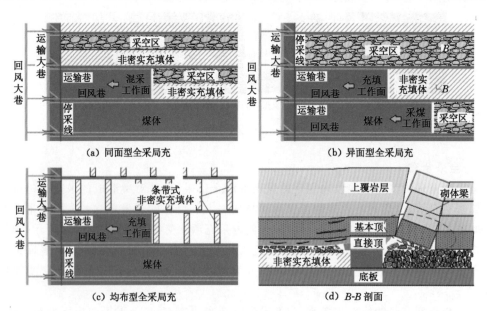

图 5-3　全采局充型布置

的差异,全采局充型布置可划分为同面型、异面型、均布型、混合型四种基本类型。根据充填方式差异,也可将同面型与异面型划分为密实充填型和非密实充填型两个亚类。

全采局充型布置的优点主要有:(1)可根据实际充填需求灵活调整充填工作面位置;(2)可平衡矸石充填与快速回采之间的矛盾,克服纯充填工作面开采效率低的缺陷;(3)充填区域可有效控制覆岩运动、减缓矿压显现;(4)当矿井无特定充填需求时,可就近充填掘进矸石及分选矸石,以降低运输成本。全采局充型布置有利于采选充一体化矿井高效开采与矸石规模化就地充填。

5.1.3 局采全充

局采全充是指对井田内遗留的煤炭资源进行回收,而后对所形成的采空区进行全部密实充填的开采方法。根据遗留煤炭资源类别,局采全充型布置可分为房柱型、旺格维利型、煤柱型、边角煤型等类型,见图5-4。基于密实充填体的形态,各类型又均可划分为全部密实充填和条带密实充填两个亚类。局采全充型布置的显著特点是采煤与充填同时进行,采完即充,直至将遗留煤炭资源全部回收。

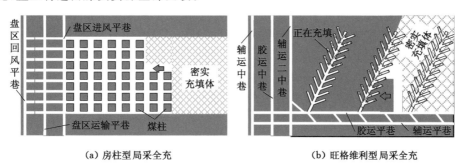

(a) 房柱型局采全充   **(b) 旺格维利型局采全充**

图 5-4   局采全充型布置

局采全充型布置的优点在于不仅可对遗留煤炭资源进行有效回收,提高煤炭资源采出率,而且通过回收上煤层内的残留煤柱,可有效降低下煤层开采期间煤体内积聚的支承应力,解除残留煤柱失稳垮塌威胁。

5.1.4 局采局充

如图5-5所示,局采局充指将开采块段内煤炭资源局部采出,留设一定数量的条带煤柱,对所形成采空区的处理分为以下两种情况:(1)对所有的采空区进行非密实充填;(2)对局部采空区进行密实或非密实充填。

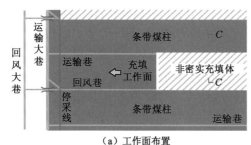

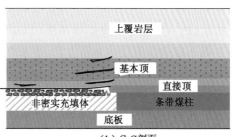

(a) 工作面布置   **(b) C-C剖面**

图 5-5   局采局充型布置

局采局充型布置的优点主要有：(1)可基于采空区充填需求与处理矸石量灵活布置充填工作面；(2)通过合理设计条带煤柱宽度，并结合充填体对顶板的支撑作用，可等效实现密实充填的岩层控制效果。局采局充主要适用于煤层埋深小于 400～500 m 的"三下"(建筑物下、铁路下、水体下)开采矿井。

相关统计数据表明[184-185]，煤炭开采伴生矸石量约占原煤产量的 15％～20％。因此，当采选充一体化矿井采用全采全充、局采全充型布置时，仅依靠分选、掘进产生的矸石无法满足全部采空区的充填需求，同时，由于局采局充型布置煤炭资源采出率较低，主要适用于埋深小于 400～500 m 的"三下"煤层开采，故深部采选充一体化矿井采-充空间主要采用全采局充型布置，即充填空间属于采煤空间的子集。

5.2 采-充空间布局影响因素权重分析

5.2.1 采煤空间布局影响因素及其权重分析

采煤工作面布局主要涵盖采煤工作面的数量、位置及布置参数三方面内容，是矿井制订采掘接替计划的前提。采煤工作面布局，直接关系矿井的生产能力、采掘协调、安全高效开采以及采区与水平的顺利接替，进而影响矿井的主要技术经济指标。

5.2.1.1 采煤工作面布局的影响因素

总体而言，采煤工作面布局主要考虑以下因素：(1)矿井设计生产能力。矿井设计生产能力直接影响采煤工作面的数量、布置参数、工艺参数以及开采装备配置。(2)采掘接替计划。采掘接替计划是基于煤炭产量目标、矿井实际条件、采区及煤层开采顺序综合制订的。(3)煤层性质。当井田内赋存煤质差异显著的多组煤层时，为避免煤炭资源浪费，防止"吃肥丢瘦"导致后期生产被动，可依据设计生产能力与配采计划在不同煤层内分别布置采煤工作面。(4)煤层赋存条件。涵盖煤层厚度、倾角、瓦斯含量及顶底板条件等内容。同一煤层也可能由于局部赋存条件差异显著而影响采煤工作面布局，甚至取消布置。(5)采煤工艺。不同采煤工艺对采煤工作面的布置要求差异显著。(6)矿井开采条件。具体涵盖地形地貌条件和井田地质条件。(7)回采巷道布置方式。具体包括留煤柱护巷、沿空掘巷及沿空留巷三种方式。(8)技术装备与管理水平。矿井的装备、技术与管理水平是充填工作面布局的基础与保障。

5.2.1.2 采煤工作面布局影响因素的权重分析

各影响因素的重要性程度是采煤工作面规划布局的重要参考指标，因此应当确定各影响因素的相对权重。目前，确定多因素影响权重的方法较多，主要有因素分析法(FAA)、主成分分析法(PCA)、逼近理想点排序法(TOPSIS)、神经网络分析法(NNA)等[186]，但上述方法均属于单一定量或定性的分析方法，而采煤工作面布局属于难以完全定量或定性的复杂系统问题，因此上述各方法均不适用于分析采煤工作面布局影响因素的权重。

层次分析法(AHP)是由美国运筹学家 T. L. Saaty 于 20 世纪 70 年代提出的一种定性与定量分析相结合的目标决策方法[187-189]，该方法的特点是可利用较少的定量信息使决策的思维过程数学化，从而为多目标、多准则、无结构性及难以完全定量的复杂问题提供简便的决策方法。层次分析法是根据方案层各因素对目标层的相对权值作出决策的，对于分析采煤工作面布局影响因素的权重具有良好的适应性。层次分析法的一般步骤为：建立层次结构模型→构造判断(成对比较)矩阵→层次单排序及其一致性检验→层次总排序及其一致性检验。

传统层次分析法仅依靠单一决策者对各因素的成对比较来构造判断矩阵,往往由于个人主观影响大而影响判断矩阵的准确性[186]。通过引入德尔菲法(专家调查法)可有效解决上述问题。德尔菲法的本质是反馈匿名函询法,其流程为在对所要预测的问题征得专家的意见之后进行整理、归纳、统计,反馈给各专家,再次征求意见,再集中、反馈,直至得到一致性意见。因此,通过德尔菲法构造的判断矩阵能够最大限度避免个人主观影响,具有相当的可靠性。德尔菲-层次分析法的决策流程如图 5-6 所示。

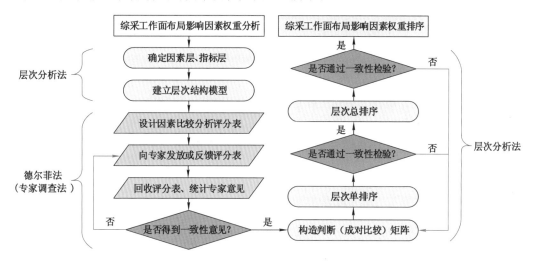

图 5-6 德尔菲-层次分析法决策流程

基于开发的德尔菲-层次分析法分析采煤工作面布局影响因素的相对权重。

(1)建立层次结构模型。构建了图 5-7 所示的层次结构模型 M_1,模型共分为三层,其中,目标层(最高层)为深部采选充一体化矿井安全高效开采,指标层(中间层)包括生产能力与效率、开采及管理难度、安全开采、经济效益,因素层(最低层)即影响采煤工作面布局的 8个因素。

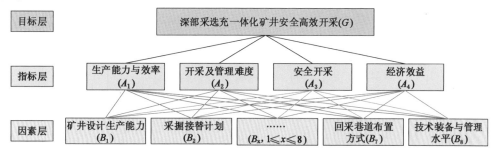

图 5-7 采煤工作面布局影响因素层次结构模型 M_1

(2)构造判断(成对比较)矩阵。判断矩阵中的元素 a_{ij} 表示因素 i 与因素 j 对于上一层某个因素相对重要性的比较结果。因素两两比较时参照表 5-1 所示的 1～9 比例标度法。

表 5-1 比例标度表

标 度	含 义
1	表示两个因素相比,具有同样的重要性
3	表示两个因素相比,一个因素比另外一个因素稍微重要
5	表示两个因素相比,一个因素比另外一个因素明显重要
7	表示两个因素相比,一个因素比另外一个因素强烈重要
9	表示两个因素相比,一个因素比另外一个因素极端重要
2,4,6,8	上述两相邻判断的中间值
倒数	因素 i 与因素 j 比较的判断值为 a_{ij},则因素 j 与因素 i 比较的判断值 $a_{ji}=1/a_{ij}$

根据前述介绍设计制作了采煤工作面布局影响因素比较评分表,并以发放调查问卷的形式征询了 25 位决策者的意见,经过多轮的归纳、反馈后最终得到一致性意见,即指标层相对目标层的判断矩阵 G 及因素层相对指标层的判断矩阵 A_1、A_2、A_3、A_4。

$$G = \begin{bmatrix} 1 & 5 & 1/5 & 1/3 \\ 1/5 & 1 & 1/8 & 1/6 \\ 5 & 8 & 1 & 3 \\ 3 & 6 & 1/3 & 1 \end{bmatrix}$$

$$A_1 = \begin{bmatrix} 1 & 6 & 7 & 3 & 5 & 6 & 7 & 4 \\ 1/6 & 1 & 3 & 1/7 & 1/4 & 1/3 & 2 & 1/6 \\ 1/7 & 1/3 & 1 & 1/6 & 1/4 & 1/3 & 2 & 1/5 \\ 1/3 & 7 & 6 & 1 & 5 & 6 & 8 & 3 \\ 1/5 & 4 & 4 & 1/5 & 1 & 3 & 5 & 1/4 \\ 1/6 & 3 & 3 & 1/6 & 1/3 & 1 & 4 & 1/5 \\ 1/7 & 1/2 & 1/2 & 1/8 & 1/5 & 1/4 & 1 & 1/7 \\ 1/4 & 6 & 5 & 1/3 & 4 & 5 & 7 & 1 \end{bmatrix}$$

$$A_2 = \begin{bmatrix} 1 & 1/2 & 1/7 & 1/8 & 1/5 & 1/6 & 1/3 & 1/5 \\ 2 & 1 & 1/6 & 1/8 & 1/4 & 1/5 & 1/3 & 1/4 \\ 7 & 6 & 1 & 1/3 & 4 & 3 & 6 & 4 \\ 8 & 8 & 3 & 1 & 4 & 3 & 7 & 4 \\ 5 & 4 & 1/4 & 1/4 & 1 & 1/5 & 3 & 1/3 \\ 6 & 5 & 1/3 & 1/3 & 5 & 1 & 2 & 4 \\ 3 & 3 & 1/6 & 1/7 & 1/3 & 1/2 & 1 & 1/4 \\ 5 & 4 & 1/4 & 1/4 & 3 & 1/4 & 4 & 1 \end{bmatrix}$$

$$
\boldsymbol{A}_3 = \begin{bmatrix}
1 & 1/2 & 1/6 & 1/5 & 1/7 & 1/8 & 1/4 & 1/9 \\
2 & 1 & 1/5 & 1/4 & 1/5 & 1/7 & 1/2 & 1/8 \\
6 & 5 & 1 & 3 & 1/2 & 1/3 & 3 & 1/5 \\
5 & 4 & 1/3 & 1 & 1/4 & 1/5 & 3 & 1/7 \\
7 & 5 & 2 & 4 & 1 & 1/2 & 4 & 1/4 \\
8 & 7 & 3 & 5 & 2 & 1 & 5 & 1/4 \\
4 & 2 & 1/3 & 1/3 & 1/4 & 1/5 & 1 & 1/7 \\
9 & 8 & 5 & 7 & 4 & 4 & 7 & 1
\end{bmatrix}
$$

$$
\boldsymbol{A}_4 = \begin{bmatrix}
1 & 7 & 4 & 3 & 6 & 4 & 8 & 5 \\
1/7 & 1 & 1/5 & 1/6 & 1/3 & 1/6 & 2 & 1/4 \\
1/4 & 5 & 1 & 1/3 & 4 & 2 & 5 & 3 \\
1/3 & 6 & 3 & 1 & 5 & 3 & 6 & 3 \\
1/6 & 3 & 1/4 & 1/5 & 1 & 1/5 & 5 & 1/3 \\
1/4 & 6 & 1/2 & 1/3 & 5 & 1 & 7 & 3 \\
1/8 & 1/2 & 1/5 & 1/6 & 1/5 & 1/7 & 1 & 1/6 \\
1/5 & 4 & 1/3 & 1/3 & 3 & 1/3 & 6 & 1
\end{bmatrix}
$$

（3）层次单排序及其一致性检验。判断矩阵内各元素均是两两比较的结果，因此判断矩阵普遍存在不一致性。一般情况下，允许判断矩阵存在不一致性，但其不一致程度不应超过允许范围，否则引起的判断误差对权重分析结果的准确性影响较大。当判断矩阵通过一致性检验后，将其对应最大特征根 $\lambda_{\max}$ 的特征向量进行归一化处理后记为权向量 $\boldsymbol{W}$，$\boldsymbol{W}$ 内的元素即表示本层因素对于上层某个因素相对重要性的权值，这一过程称为层次单排序[188]。

由于判断矩阵均为 n 阶正互反矩阵（$a_{ij} > 0$，$a_{ij} = 1/a_{ji}$，$a_{ii} = 1$），其最大特征根 $\lambda_{\max} \geqslant n$，当且仅当 $\lambda_{\max} = n$ 时，$\boldsymbol{A}$ 为一致矩阵。由于 $\lambda_{\max}$ 连续地依赖 a_{ij}，因此 $\lambda_{\max}$ 与 n 差值越大，$\boldsymbol{A}$ 的不一致性越强，可通过式（5-1）评价判断矩阵的不一致程度：

$$
\text{CI} = \frac{\lambda_{\max} - n}{n - 1} \tag{5-1}
$$

式中，CI 为一致性指标。当 CI＝0 时，判断矩阵有完全的一致性；CI 接近 0，判断矩阵有满意的一致性；CI 越大，判断矩阵的不一致性越强。

为衡量 CI 值大小，引入平均随机一致性指标 RI。方法为随机构造 500 个 n 阶判断矩阵，RI 值即各矩阵一致性指标的平均值，见式（5-2）。不同阶矩阵的 RI 值参见表 5-2[190]，可知矩阵的阶数越大，出现一致性随机偏离的可能性越大。

$$
\text{RI} = \frac{\text{CI}_1 + \text{CI}_2 + \cdots + \text{CI}_{500}}{500} = \frac{\dfrac{\lambda_1 + \lambda_2 + \cdots + \lambda_{500}}{500} - n}{n - 1} \tag{5-2}
$$

表 5-2 平均随机一致性指标 RI 标准值

矩阵阶数	3	4	5	6	7	8	9	10	11	12	13	14
RI 值	0.52	0.89	1.12	1.26	1.36	1.41	1.46	1.49	1.52	1.54	1.56	1.58

将 CI 与 RI 进行比较得到一致性检验系数 CR，见式（5-3）。一般情况下，当 CR＜0.1

时,认为判断矩阵可通过一致性检验,否则就不具有满意的一致性,需要重新对判断矩阵中的元素进行调整。

$$CR = \frac{CI}{RI} \tag{5-3}$$

基于上述分析,采用 Mathematica 软件分别求解判断矩阵 G、A_1、A_2、A_3、A_4 的最大特征根及其特征向量,然后参照式(5-1)、式(5-3)及表 5-2 分别对其进行一致性检验,将不满足一致性要求的对比矩阵进行调整修正后继续检验,直至满足一致性要求。通过检验后各判断矩阵的归一化特征向量列于表 5-3。

表 5-3 模型 M_1 内层次单排序及其一致性检验结果

判断矩阵	CR	λ_{max}	λ_{max} 对应的归一化特征向量
G	0.075	4.200	$[0.131, 0.044, 0.562, 0.264]$
A_1	0.091	8.897	$[0.351, 0.037, 0.028, 0.252, 0.088, 0.056, 0.022, 0.167]$
A_2	0.090	8.889	$[0.021, 0.027, 0.238, 0.330, 0.071, 0.165, 0.046, 0.101]$
A_3	0.066	8.653	$[0.019, 0.027, 0.103, 0.065, 0.144, 0.205, 0.042, 0.397]$
A_4	0.082	8.812	$[0.349, 0.027, 0.137, 0.213, 0.047, 0.128, 0.021, 0.077]$

(4) 层次总排序及其一致性检验。计算某一层次所有因素对于目标层相对重要性的权值称为层次总排序。在进行层次总排序前仍需要对其一致性进行检验:假设指标层共有 m 个因素,对目标层的相对权重依次为 $a_1, a_2, \cdots, a_m$,因素层对指标层中因素 A_j($j = 1, 2, \cdots, m$) 的层次单排序一致性指标为 CI_j,平均随机一致性指标为 RI_j,则层次总排序的一致性比率 CR_T 可通过式(5-4)求解得到。与前述相同,当 $CR_T < 0.1$ 时,认为层次总排序通过一致性检验,具有满意的一致度,否则就需要调整一致性指标高的判断矩阵内元素的取值。

$$CR_T = \frac{a_1 CI_1 + a_2 CI_2 + \cdots + a_m CI_m}{a_1 RI_1 + a_2 RI_2 + \cdots + a_m RI_m} \tag{5-4}$$

层次总排序是从高到低依次进行的,因素层共有 n 个因素,对指标层中因素 A_j 的层次单排序为 $b_{1j}, b_{2j}, \cdots, b_{nj}$,则因素层中第 i 个因素对目标层的权值为:

$$w_i = a_1 b_{i1} + a_2 b_{i2} + \cdots + a_m b_{im} (i = 1, 2, \cdots, n) \tag{5-5}$$

将各判断矩阵的一致性指标 CI_j 代入式(5-4),并参照表 5-2、表 5-3 求解得到 CR_T 值(0.075),满足一致性检验要求。继续将表 5-3 中相关数据代入式(5-5),确定权向量 $W_T = [0.149, 0.028, 0.108, 0.140, 0.108, 0.163, 0.034, 0.270]^T$,这表明各因素对采煤工作面布局的影响程度由大到小依次为技术装备与管理水平、矿井开采条件、矿井设计生产能力、煤层赋存条件、煤层性质、采煤工艺、回采巷道布置方式、采掘接替计划。

5.2.2 充填空间布局影响因素及其权重分析

深部采选充一体化矿井内布置充填工作面的目的是在实现矸石就地充填的基础上,一并完成地表沉陷控制、地质灾害防治、采场矿压控制、沿空巷道稳定、隔水岩层控制、矿井产能提升、资源高效回收、生态环境保护等工程充填目标。充填工作面布局同样包含充填工作面的数量、位置及布置参数三方面内容。

5.2.2.1 充填工作面布局的影响因素

充填工作面布局的影响因素主要包括：（1）工程充填需求。矿井面临地表沉陷控制、地质灾害防治、采场矿压控制、沿空巷道稳定、隔水岩层控制等不同工程充填需求时，需要合理规划充填工作面的数目、位置、充填方式及布置参数等内容。（2）矸石充填成本。相关统计数据表明[191-192]，充填开采吨煤成本平均增加 30～150 元，因此充填工作面不适宜作为矿井的主力生产工作面，只适合作为配采工作面。（3）伴生矸石量。产矸量直接影响充填工作面的数量、充填方式及工艺参数。（4）矸石运输成本。（5）矿井设计生产能力。为确保矿井达产，应根据采充工作面的生产能力确定两类工作面的数量及相关开采参数，并且矿井生产能力也是影响产矸量的重要因素之一。（6）充填方式及参数。充填方式及参数直接影响消化矸石量、充填效果及充填工作面数量。（7）充填技术装备水平。矸石充填工艺相对复杂，充填工作面存在推进速度慢、开采效率低的缺点，同时多孔底卸式输送机适应性较差，因此充填工作面数量不宜过多、长度不宜过大。（8）井下选煤能力。不同选煤工艺在入选粒度、分选精度、分选效率、分选能力等方面差异显著，直接影响矿井产矸量与采充平衡。

5.2.2.2 充填工作面布局影响因素的权重分析

继续采用德尔菲-层次分析法确定充填工作面布局各影响因素的相对权重。

（1）建立层次结构模型。建立图 5-8 所示充填工作面布局影响因素层次结构模型 M_2，目标层与指标层与前文相同，因素层为影响充填工作面布局的 8 个因素。

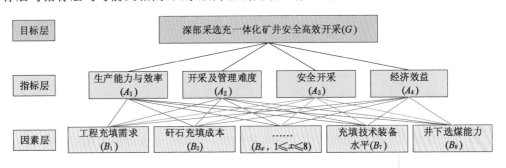

图 5-8　充填工作面布局影响因素层次结构模型 M_2

（2）构造判断（成对比较）矩阵。通过德尔菲法得到的因素层相对指标层的判断矩阵 A_1、A_2、A_3、A_4 如下所示。

$$
A_1 = \begin{bmatrix}
1 & 7 & 4 & 9 & 6 & 4 & 5 & 9 \\
1/7 & 1 & 1/5 & 3 & 1/3 & 1/5 & 1/4 & 3 \\
1/4 & 5 & 1 & 5 & 3 & 1/2 & 2 & 5 \\
1/9 & 1/3 & 1/5 & 1 & 1/5 & 1/8 & 1/7 & 1/3 \\
1/6 & 3 & 1/3 & 5 & 1 & 1/4 & 1/3 & 4 \\
1/4 & 5 & 2 & 8 & 4 & 1 & 4 & 7 \\
1/5 & 4 & 1/2 & 7 & 3 & 1/4 & 1 & 6 \\
1/9 & 1/3 & 1/5 & 3 & 1/4 & 1/7 & 1/6 & 1
\end{bmatrix}
$$

$$\boldsymbol{A}_2 = \begin{bmatrix} 1 & 6 & 2 & 9 & 5 & 7 & 2 & 8 \\ 1/6 & 1 & 1/6 & 6 & 1/3 & 3 & 1/6 & 4 \\ 1/2 & 6 & 1 & 7 & 4 & 5 & 1/2 & 6 \\ 1/9 & 1/6 & 1/7 & 1 & 1/6 & 1/4 & 1/9 & 1/3 \\ 1/5 & 3 & 1/4 & 6 & 1 & 5 & 1/5 & 7 \\ 1/7 & 1/3 & 1/5 & 4 & 1/5 & 1 & 1/9 & 4 \\ 1/2 & 6 & 2 & 9 & 5 & 9 & 1 & 7 \\ 1/8 & 1/4 & 1/6 & 3 & 1/7 & 1/4 & 1/7 & 1 \end{bmatrix}$$

$$\boldsymbol{A}_3 = \begin{bmatrix} 1 & 7 & 2 & 9 & 7 & 8 & 2 & 8 \\ 1/7 & 1 & 1/7 & 4 & 1/2 & 3 & 1/6 & 3 \\ 1/2 & 7 & 1 & 8 & 5 & 6 & 1/2 & 6 \\ 1/9 & 1/4 & 1/8 & 1 & 1/4 & 1/2 & 1/9 & 1/2 \\ 1/7 & 2 & 1/5 & 4 & 1 & 4 & 1/6 & 4 \\ 1/8 & 1/3 & 1/6 & 2 & 1/4 & 1 & 1/8 & 2 \\ 1/2 & 6 & 2 & 9 & 6 & 8 & 1 & 8 \\ 1/8 & 1/3 & 1/6 & 2 & 1/4 & 1/2 & 1/8 & 1 \end{bmatrix}$$

$$\boldsymbol{A}_4 = \begin{bmatrix} 1 & 5 & 5 & 7 & 6 & 3 & 5 & 4 \\ 1/5 & 1 & 1/2 & 4 & 2 & 1/5 & 1/2 & 1/3 \\ 1/5 & 2 & 1 & 4 & 3 & 1/4 & 1/2 & 1/3 \\ 1/7 & 1/4 & 1/4 & 1 & 1/4 & 1/7 & 1/5 & 1/5 \\ 1/6 & 1/2 & 1/3 & 4 & 1 & 1/5 & 1/2 & 1/3 \\ 1/3 & 5 & 4 & 7 & 5 & 1 & 4 & 3 \\ 1/5 & 2 & 2 & 5 & 2 & 1/4 & 1 & 1/3 \\ 1/4 & 3 & 3 & 5 & 3 & 1/3 & 3 & 1 \end{bmatrix}$$

（3）层次单排序及其一致性检验。仍然采用 Mathematica 软件分别求解判断矩阵 $\boldsymbol{A}_1$、$\boldsymbol{A}_2$、$\boldsymbol{A}_3$、$\boldsymbol{A}_4$ 的最大特征根及其特征向量，而后参照式（5-1）、式（5-3）及表 5-2 分别对各判断矩阵进行一致性检验。各判断矩阵通过一致性检验后，将各矩阵最大特征根 λ_{max} 对应的特征向量进行均一化处理，列于表 5-4。

表 5-4　模型 $\mathbf{M}_2$ 内层次单排序及其一致性检验结果

判断矩阵	CR	λ_{max}	λ_{max}对应的归一化特征向量
$\boldsymbol{A}_1$	0.076	8.754	[0.391,0.040,0.136,0.019,0.067,0.209,0.110,0.027]
$\boldsymbol{A}_2$	0.099	8.973	[0.302,0.060,0.191,0.017,0.102,0.040,0.262,0.025]
$\boldsymbol{A}_3$	0.056	8.555	[0.327,0.054,0.205,0.020,0.073,0.031,0.262,0.026]
$\boldsymbol{A}_4$	0.063	8.624	[0.355,0.055,0.072,0.022,0.044,0.235,0.082,0.136]

（4）层次总排序及其一致性检验。参照表 5-2 和表 5-4 中的相关数据，并根据式（5-4）计算确定此时 CR_T 值（0.092），满足一致性检验要求。而后将表 5-4 中相关数据代入式（5-5）进行计算，得到权向量 $\boldsymbol{W}_T = [0.342,0.053,0.160,0.020,0.066,0.109,0.195,0.055]^T$，这

表明采选充一体化矿井内不同因素对充填工作面布局影响程度由大到小依次为工程充填需求、充填技术装备水平、伴生矸石量、充填方式及参数、矿井设计生产能力、井下选煤能力、矸石充填成本、矸石运输成本。

前述分析了采-充空间布局的影响因素及其相对权重,但对于具体的深部采选充一体化矿井而言,上述各影响因素可能并非同时存在,某些因素即使存在也有可能长期保持恒定,如煤层赋存条件、采煤工艺、井下选煤能力、充填技术装备水平等,因此一些权重相对较低的非恒定因素也会对井下采-充空间布局起主导作用,如采煤工艺、采掘接替计划、矸石充填成本。

5.3 采-充空间参数优化方法

基于采充协调关系准确界定采煤及充填工作面的数量、布置参数及工艺参数,是深部采选充一体化矿井安全高效开采的前提,采充协调关系具体包括"以采定充"和"以充定采"两种类型,其中"以采定充"是确定采-充空间优化布局的常用方式。

5.3.1 "以采定充"条件下采-充空间参数优化

"以采定充"是指矿井以实际产煤量达到设计生产能力为主要目标的同时,一并为满足伴生矸石就地充填需求,科学确定井下矸石充填位置、方式及相关工艺参数的一种采充协调方法。"以采定充"条件下,矿井应先根据原煤产量需求、煤层地质条件、政策法规要求规划设计采煤工作面的数量、位置、布置参数与工艺参数。已知深部采选充一体化矿井的年原煤产量 Y_c 由采煤工作面年原煤产量 Y_{cm}、充填工作面年原煤产量 Y_{cb} 和煤巷掘进年原煤产量 Y_{cr} 组成,即

$$Y_c = Y_{cm} + Y_{cb} + Y_{cr} \tag{5-6}$$

采煤工作面年原煤产量 Y_{cm} 与采煤工作面的数量、采煤方法、工作面长度、工作面推进速度等因素直接相关,以式(5-7)计算:

$$Y_{cm} = \sum_{i=1}^{n_1} D_i c_i r_i h_i l_i f_i \rho_c \tag{5-7}$$

式中,n_1 为全年回采的采煤工作面数量,个;D_i 为第 i 个采煤工作面全年回采天数,d;c_i 为第 i 个采煤工作面的日循环数,个;r_i 为第 i 个采煤工作面的原煤采出率,%;h_i 为第 i 个采煤工作面的采高,m;l_i 为第 i 个采煤工作面的布置长度,m;f_i 为第 i 个采煤工作面的循环推进步距,m;ρ_c 为煤体密度,一般取 1.36 t/m³。

式(5-7)对于充填工作面同样适用,则 Y_{cb} 为:

$$Y_{cb} = \sum_{j=1}^{n_2} D_{bj} c_{bj} r_{bj} h_{bj} l_{bj} f_{bj} \rho_c \tag{5-8}$$

式中,n_2 为全年回采的充填工作面数量,个;D_{bj} 为第 j 个充填工作面全年回采天数,d;c_{bj} 为第 j 个充填工作面的日循环数,个;r_{bj} 为第 j 个充填工作面的原煤采出率,%;h_{bj} 为第 j 个充填工作面的采高,m;l_{bj} 为第 j 个充填工作面的布置长度,m;f_{bj} 为第 j 个充填工作面的循环推进步距,m。

当采煤工作面应用放顶煤工艺回采时,则 Y_{cm} 应以式(5-9)计算:

$$Y_{cm} = \sum_{i=1}^{n_1} D_i c_i l_i f_i \rho_c \left[r_{i1} h_i + r_{i2} (H_i - h_i) \right] \tag{5-9}$$

式中，r_{i1} 为机采煤体回收率，一般取 95％；r_{i2} 为顶煤回收率，一般取 85％；H_i 为开采煤层的平均厚度，m。

煤巷掘进年原煤产量 Y_{cr} 主要受掘进煤巷的数量、长度及断面尺寸等因素影响，由式(5-10)计算确定：

$$Y_{cr} = \sum_{p=1}^{n_3} l_{cp} S_p \rho_c \tag{5-10}$$

式中，n_3 为全年掘进的煤巷数量，条；l_{cp} 为第 p 条煤巷的年掘进长度，m；S_p 为第 p 条煤巷的毛断面面积，m^2。

将式(5-7)、式(5-8)、式(5-10)代入式(5-6)，得到年原煤产量 Y_c：

$$Y_c = \sum_{i=1}^{n_1} D_i c_i r_i h_i l_i f_i \rho_c + \sum_{j=1}^{n_2} D_{bj} c_{bj} r_{bj} h_{bj} l_{bj} f_{bj} \rho_c + \sum_{p=1}^{n_3} l_{cp} S_p \rho_c \tag{5-11}$$

伴生矸石按来源可分为掘进矸石与回采矸石两类，其中，掘进矸石又可具体分为岩巷（半煤岩巷）掘进矸石和煤巷掘进矸石。当深部采选充一体化矿井内充填位置确定后，岩巷掘进矸石可直接从掘进工作面运送至指定区域充填，煤巷掘进矸石则需要与原煤汇合经分选后再由矸石运输系统运送至指定充填地点。由此可知，矿井年掘进矸石量 Y_{ge} 为：

$$Y_{ge} = G_r R_p A_1 \left(\frac{1}{1 - A_2} \right) Y_{cr} + \sum_{q=1}^{n_4} l_{rq} S_q \rho_g \tag{5-12}$$

式中，R_p 为矿井原煤入选率，％；n_4 为全年掘进的岩巷数量，条；G_r 为原煤含矸率，％；A_1 为矸石选出率，％；A_2 为矸石带含煤率，％；l_{rq} 为第 q 条岩巷的年掘进长度，m；S_q 为第 q 条岩巷的毛断面面积，m^2；ρ_g 为矸石密度，t/m^3。

回采矸石量与原煤产量、原煤含矸率、井下选煤精度等因素相关，参照式(5-7)、式(5-8)得到矿井年回采矸石量 Y_{gm} 的计算公式，即

$$Y_{gm} = G_r R_p A_1 \left(\frac{1}{1 - A_2} \right) \left(\sum_{i=1}^{n_1} D_i c_i r_i h_i l_i f_i \rho_c + \sum_{j=1}^{n_2} D_{bj} c_{bj} r_{bj} h_{bj} l_{bj} f_{bj} \rho_c \right) \tag{5-13}$$

由式(5-12)和式(5-13)可知，在不考虑充填工作面年产矸量时，可用式(5-14)计算矿井年产矸量 Y_g；若考虑充填工作面年产矸量，则以式(5-15)计算 Y_g。

$$Y_g = G_r R_p A_1 \left(\frac{1}{1 - A_2} \right) (Y_{cm} + Y_{cr}) + \sum_{q=1}^{n_4} l_{rq} S_q \rho_g \tag{5-14}$$

$$Y_g = G_r R_p A_1 \left(\frac{1}{1 - A_2} \right) (Y_{cm} + Y_{cb} + Y_{cr}) + \sum_{q=1}^{n_4} l_{rq} S_q \rho_g \tag{5-15}$$

继续分析伴生矸石产量对充填空间布局的影响。对于容积一定的充填空间而言，充实率越大，所需充填的矸石量越大，对设备、充填投入及现场管理水平的要求也越高。由于"以采定充"条件下伴生矸石量较多，为避免充填空间过度分散引起井下管理混乱，应尽可能提高矸石充实率。为定量评估充填工作面的矸石消化能力，需要先确定不同充实率条件下矸石充填体的密度。文献[169,193]研究指出，矸石充填体的密度与充实率正相关，且不同充实率条件下矸石充填体的密度 ρ_2 可通过式(5-16)计算确定：

$$\rho_2 = \rho_1 / (1 - \varphi \varepsilon_0) \tag{5-16}$$

式中,ρ_1 为充填矸石推压夯实前的自然密度,t/m^3;ε_0 为充填矸石最大压实变形比。

忽略全年采充波动影响,根据矿井日产矸量与单一充填工作面日充矸量的对应关系研究充填空间相关参数的确定方法。单一充填工作面在不同充实率条件下的单日充矸量 m_b 为:

$$m_b = \rho_2 c_b h_b l_b f_b \varphi = \rho_1 c_b h_b l_b f_b \varphi / (1 - \varphi \varepsilon_0) \tag{5-17}$$

结合式(5-14)和式(5-17)可知,在不考虑充填工作面产矸量的条件下,为确保矿井单日所产矸石可全部进行充填,应满足:

$$\frac{Y_g}{330 m_b} = \frac{(1 - \varphi \varepsilon_0)}{330 \rho_1 c_b h_b l_b f_b \varphi} \left[G_r A_1 \left(\frac{1}{1 - A_2} \right) (Y_{cm} + Y_{cr}) + \sum_{q=1}^{n_4} l_{rq} S_q \rho_g \right] \leqslant x \quad (x \in \mathbf{N}_+) \tag{5-18}$$

式中,330 为国家规定的矿井年生产天数,d;x 为井下需要同时布置的同等充填能力的充填工作面数量,个。当式(5-18)左侧的计算值小于 1 时,则设计的单个充填工作面在不考虑自身矸石产量的条件下可满足矿井的矸石充填需求;而当式(5-18)左侧的计算值大于 1 时,x 则取大于该计算值的最小正整数。

实际上,当根据式(5-18)判定井下需要同时布置多个充填工作面时,由于不同充填工作面的实际生产条件差异较大,参照式(5-17),根据质量守恒定律得到充填工作面数量、布置参数与工艺参数的动态调整方程:

$$\frac{x c_b h_b l_b f_b \varphi}{(1 - \varphi \varepsilon_0)} = \sum_{j=1}^{n_2} \frac{c_{bj} h_{bj} l_{bj} f_{bj} \varphi_j}{(1 - \varphi_j \varepsilon_0)} \tag{5-19}$$

由于前述分析并未考虑充填工作面产矸量,因此初步确定充填工作面各相关参数后,需要继续依据式(5-20)检验 x 的取值是否合理,若不合理则需要对 φ_j 值或 x 值进行修正,而后再依据式(5-19)调整各参数,以此类推,直至满足矿井矸石充填需求。

$$\frac{Y_g}{330 m_b} = \frac{(1 - \varphi \varepsilon_0)}{330 \rho_1 c_b h_b l_b f_b \varphi} \left[G_r A_1 \left(\frac{1}{1 - A_2} \right) (Y_{cm} + Y_{cb} + Y_{cr}) + \sum_{q=1}^{n_4} l_{rq} S_q \rho_g \right] \leqslant x \tag{5-20}$$

5.3.2 "以充定采"条件下采-充空间参数优化

"以充定采"是指矿井以伴生矸石量及地面可供矸石量满足工程充填需求为主要目标,通过矸石需求量、掘进矸石量、煤矸分选精度及原煤含矸率反推确定采煤工作面的原煤产量,进而合理规划采煤工作面的数量、位置、布置参数及工艺参数的一种采充协调方法。"以充定采"的关键在于通过充填方法的优选、充填工艺的科学实施、岩层位态准确设计以及充填效果的有效保障等手段实现不同工程充填需求。由于地面可供矸石量对于具体矿井才可量化,故本节"以充定采"不考虑地面可供矸石量,仅以矿井伴生矸石量核定采充平衡关系。若深部采选充一体化矿井全年需要布置的充填工作面数量为 n_2,则全年需要的充填矸石量 Y_g 为:

$$Y_g = \sum_{j=1}^{n_2} D_{bj} c_{bj} h_{bj} l_{bj} f_{bj} \rho_{2j} \varphi_j \tag{5-21}$$

结合式(5-12)可知,此时 Y_{gm} 可由式(5-22)计算确定,结合式(5-11)可继续反推出采煤工作面年原煤产量 Y_{cm},即式(5-23)。

$$Y_{gm} = Y_g - Y_{ge} = \sum_{j=1}^{n_2} D_{bj} c_{bj} h_{bj} l_{bj} f_{bj} \rho_{2j} \varphi_j - G_r R_p A_1 \left(\frac{1}{1 - A_2} \right) \sum_{p=1}^{n_3} l_{cp} S_p \rho_c - \sum_{q=1}^{n_4} l_{rq} S_q \rho_g$$

$$\tag{5-22}$$

$$Y_{cm} = \frac{1-A_2}{G_r R_p A_1} \left[\sum_{j=1}^{n_2} D_{bj} c_{bj} h_{bj} l_{bj} f_{bj} \rho_{2j} \varphi_j - G_r R_p A_1 \left(\frac{1}{1-A_2} \right) \sum_{p=1}^{n_3} l_{cp} S_p \rho_c - \sum_{q=1}^{n_4} l_{rq} S_q \rho_g \right] - \sum_{j=1}^{n_2} D_{bj} c_{bj} r_{bj} h_{bj} l_{bj} f_{bj} \rho_c$$

(5-23)

已知单一采煤工作面的日产煤量为：

$$m_c = crhlf\rho_c$$

(5-24)

为确保采煤工作面单日产矸量满足充填需求,应满足：

$$\frac{Y_{cm}}{330 m_c} = \frac{Y_{cm}}{330 crhlf\rho_c} \leqslant y, (y \in \mathbf{N}_+)$$

(5-25)

式中,y 为井下需要同时布置的同等产煤能力的采煤工作面数量,个。参照前述分析可知,当式(5-25)左侧计算值小于 1 时,则单个采煤工作面的产矸量可满足矿井的工程充填需求；当式(5-25)左侧计算值大于 1 时,y 则取大于该计算值的最小正整数。同样,根据质量守恒定律,采煤工作面数量、布置参数与工艺参数的动态调整方程为：

$$ycrhlf = \sum_{i=1}^{n_1} c_i r_i h_i l_i f_i$$

(5-26)

5.4 采-充空间优化布局方法

本节主要基于深部采选充一体化矿井面临的具体工程需求(地表沉陷控制、冲击地压防治、沿空留巷、瓦斯防治、保水开采),研究随采-充空间布置位置及布置参数变化围岩应力场、位移场、能量场及裂隙场的演化规律,最终基于安全高效绿色开采目标提出满足不同工程需求的采-充空间优化布局方法。

5.4.1 地表沉陷控制需求

5.4.1.1 采-充空间优化布局方法

伴随煤炭开采强度逐步提升,矿井生产对周围生态环境的损害日趋严重,特别是地表下沉引起的道路坍塌、建筑物变形破坏、农田损毁等灾害严重威胁人们的生产生活安全。对于相同开采条件的采煤工作面,随开采深度增加,地表最大下沉量逐步减小,但地表沉陷影响半径及达到充分采动所需的临界开采面积均逐步增大。对于相同采充条件的充填工作面,随开采深度增加,矸石充填体的压缩变形量逐步增大,等价采高及地表最大下沉量亦同步增大。深部采选充一体化矿井应当根据井田地表的地形地物及其最大下沉量控制要求合理规划采-充空间布局及相关工艺参数,以降低开采活动对地表产生的影响。

充分采动条件下,地表最大下沉值 W_{cm} 及最大水平移动值 U_{cm} 的计算方法如下：

$$W_{cm} = qh\cos\alpha$$

(5-27)

$$U_{cm} = c_h W_{cm} = qc_h h\cos\alpha$$

(5-28)

式中,q 为下沉系数；h 为工作面采高,m；α 为煤层倾角,(°)；c_h 为水平移动系数。文献[194]提供了不同覆岩类型条件下 q 与 b 的取值参照,详见表5-5。

假定深部采选充一体化矿井局部地表下沉量的最大允许值为 W_{max}、水平移动量的最大允许值为 U_{max},则该区域适宜布置采煤工作面的必要条件为：

$$\begin{cases} h \leqslant W_{\max}/(q\cos\alpha) \\ h \leqslant U_{\max}/(qc_{\mathrm{h}}\cos\alpha) \end{cases} \tag{5-29}$$

表 5-5　下沉系数与水平移动系数选择参照表

覆岩 类型	覆岩岩性	单轴抗压 强度/MPa	下沉系数 q	水平移 动系数 c_{h}
坚硬	以中生代地层硬砂岩、硬灰岩为主,其他为砂质页岩、页岩、辉绿岩	>60	0.27~0.54	
中硬	以中生代地层中硬砂岩、石灰岩、砂质页岩为主,其他为软砾岩、致密泥灰岩、铁矿石	30~60	0.55~0.84	0.2~0.4
软弱	以新生代地层砂质页岩、页岩、泥灰岩及黏土、砂质黏土等松散层为主	<30	0.85~1.00	

许多矿井为解决"三下"开采难题,采用条带法开采压煤,此时地表下沉系数 q_{s} 可根据式(5-30)所示经验公式进行求解,将式(5-30)代入式(5-29)即可得到地表沉陷量控制要求下适宜布置条带开采工作面的必要条件。

$$q_{\mathrm{s}} = 4.52qh^{-0.78}\,(b/H)^{0.603}\,[b/(a+b)]^{2.13} \tag{5-30}$$

式中,a 为条带煤柱宽度,m;b 为条带开采宽度,m。

充填工作面采空区内的矸石充填体可有效缩减上覆岩层垮落空间,等效于降低采高,因此可有效降低覆岩变形破坏程度与地表下沉量。充填工作面的等价采高 h_{e} 由实际采高 h_{b} 与矸石充填体的最终压实高度共同决定[12],计算方法为:

$$h_{\mathrm{e}} = (1-\varphi)h_{\mathrm{b}} \tag{5-31}$$

同样根据式(5-27)、式(5-28)推导得到地表沉陷控制要求下适宜布置充填工作面的必要条件:

$$\begin{cases} h_{\mathrm{b}} \leqslant W_{\max}/[q\cos\alpha(1-\varphi)] \\ h_{\mathrm{b}} \leqslant U_{\max}/[qc_{\mathrm{h}}\cos\alpha(1-\varphi)] \end{cases} \tag{5-32}$$

结合前述分析,提出深部采选充一体化矿井基于地表沉陷量控制要求的采-充空间优化布局方法,即当设计采高满足式(5-29)时,该区域采煤、充填工作面均可布置;当设计采高仅满足式(5-32)时,则该区域仅适宜布置充填工作面;当设计采高同时无法满足式(5-29)和式(5-32)时,可根据条带开采地表最大下沉量判定该区域是否适宜布置条带工作面。

由于充实率 φ 直接影响地表下沉值,因此,从地表沉陷控制角度考虑应提高充实率,而从降低矸石需求量与施工难度角度考虑又应适当降低充实率。由此,根据式(5-32)反推得到地表沉陷量控制条件下充实率 φ 的临界值计算方法:

$$\begin{cases} \varphi \geqslant 1 - W_{\max}/(qh_{\mathrm{b}}\cos\alpha) \\ \varphi \geqslant 1 - U_{\max}/(qc_{\mathrm{h}}h_{\mathrm{b}}\cos\alpha) \end{cases} \tag{5-33}$$

依据深部采选充一体化矿井地表不同区域的沉陷量控制要求,结合式(5-33)可灵活调整充填工作面充填方案,从而最大限度提高充填工作面的推进速度、降低矸石需求量及施工难度、缓解采选系统压力。根据式(5-33)绘制得到图 5-9 所示的 φ 临界值与 $W_{\max}$、q、α、h_{b} 的关系。由图 5-9 可看出,φ 临界值与 $W_{\max}$ 呈线性负相关关系,与 q、h_{b} 均呈非线性正相关关系、而与 α 则呈非线性负相关关系,这表明地表下沉量控制越严格、覆岩强度越低、煤层倾角越小、充填工作面采高越大,对充实率的要求越高,矸石需求量也将相应增大。

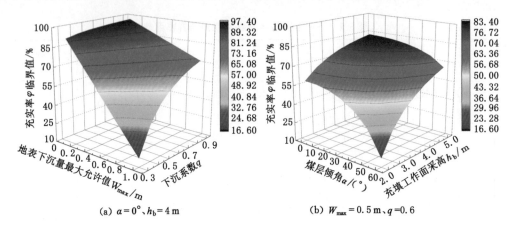

(a) $\alpha = 0°$、$h_b = 4\,\text{m}$ (b) $W_{max} = 0.5\,\text{m}$、$q = 0.6$

图 5-9 φ 临界值与 W_{max}、q、α、h_b 的关系

5.4.1.2 采-充空间合理布局方式

根据 5.1 节结论,深部采选充一体化矿井适宜采用全采局充型布局,当可充填矸石量一定时,采用不同的充填方式将对覆岩运移及地表沉陷产生不同影响。为确定不同充填方式的地表沉陷控制效果,以某深井地质条件为工程背景,采用 FLAC^{3D} 软件建立图 5-10 所示的 6 组采-充空间布局数值模型进行研究。

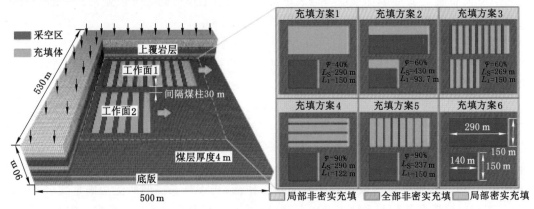

图 5-10   不同采-充空间布局方式的数值模型

本次模拟遵循采煤、充填工作面布置方式为单一变量的基本原则,其他条件均保持一致,具体为:模型尺寸、相应岩层厚度与力学参数完全相同;模型顶部均施加 20 MPa 的均布载荷以模拟深部开采条件,由于深井地应力场主要属 σ_v 型,水平侧压系数分别取 0.8、0.5;模型四周与底部均施加位移约束;数值计算采用 Mohr-Coulomb 强度准则,遵循软件默认收敛标准;采煤、充填工作面已开采空间范围相同;充填矸石质量相等,充填体采用 Double-Yield 本构模型,不同 φ 值条件下充填体的具体力学参数分别通过反演获得。根据质量守恒定律,参照式(5-16)推导得到充填工作面布置参数及充实率的调整方程,即式(5-34)。

$$L_{SA}L_{IA}(1-\varphi_{B}\varepsilon_{0})=L_{SB}L_{IB}(1-\varphi_{A}\varepsilon_{0}) \tag{5-34}$$

式中，φ_{A}，φ_{B}分别为充填工作面 A、B 的充实率；L_{SA}，L_{SB}分别为充填工作面 A、B 内矸石充填体沿走向长度，m；L_{IA}，L_{IB}分别为充填工作面 A、B 内矸石充填体沿倾向长度，m；ε_{0}值参照文献[193]取 0.32。

通过模拟得到图 5-11 所示的模型顶部垂直位移三维曲面图。由图 5-11 定性分析采-充空间布局方式对地表下沉量的影响，可看出采-充空间布置集中时，可有效降低地表最大下沉量；各充填方案的地表最大下沉量由大到小依次为局部非密实充填、全部非密实充填、局部密实充填；采用充填方案 4 时，地表沉陷控制效果最好；局部密实充填工作面开采效率低、施工难度大，适宜地表沉陷控制严格区域使用。

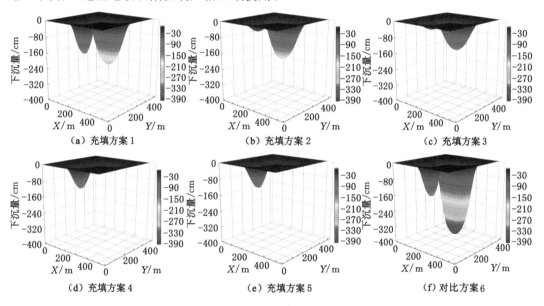

图 5-11　模型顶部垂直位移三维曲面图

5.4.2　冲击地压防治需求

随着矿井开采深度及强度逐步加大，冲击地压、煤与瓦斯突出等动力灾害威胁日益加剧，并且释放的能量更大、造成的破坏和损失更严重，尤其在华东矿区，许多矿井面临开采深度大、煤层厚、顶板赋存多组具有冲击倾向性的厚硬岩层的开采条件。充填开采作为绿色开采技术的重要组成部分，虽无法改变采场构造应力，但能有效削弱矿山压力，降低采区煤柱、顶板厚硬岩层及断层内积聚的弹性能。

图 5-12 所示为不同采-充空间布局方式的顶板支承压力分布情况。由图 5-12 可看出，采-充空间集中布置可有效降低支承压力水平；采-充空间协同布置时，方案 2 中工作面 1 的侧向支承压力整体水平最高，而方案 3 的超前支承压力整体水平最高；采-充空间协同布置时，方案 4 的整体控压效果最好，方案 3 的整体控压效果最差。

图 5-13 所示为不同采-充空间布局方式顶板内应变能分布情况。由图 5-13 可看出，采-充空间采用不同布局方式时，应变能分布差异明显，方案 3 中应变能峰值甚至高于全采煤工作面布置方案，这表明虽然采-充空间协同布置整体有利于冲击地压防治，但仍需要合理选择布局方式；从防冲角度考虑，方案 4 仍为采-充空间布置最佳选择。

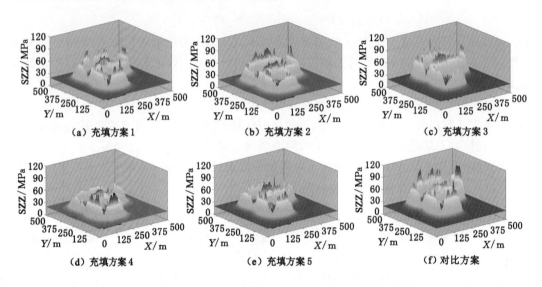

图 5-12 不同采-充空间布局方式顶板支承压力分布情况

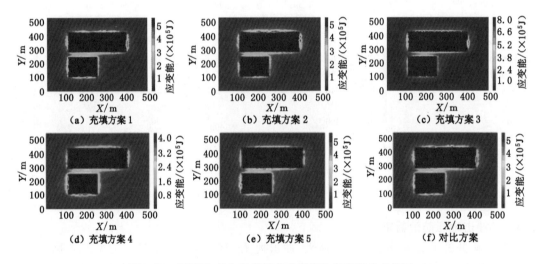

图 5-13 不同采-充空间布局方式顶板内应变能分布情况

继续分析采空区充实率变化对围岩应力及应变能演化的影响。图 5-14 所示为采用充填方案 1 时不同 φ 值条件下顶板内支承压力分布情况。由图 5-14 可看出,随充实率增大,充填工作面周部支承压力水平整体降低,采煤工作面超前支承压力降幅明显,但后支承压力及实体煤侧侧向支承压力随 φ 值变化波动不大。

不同充实率条件下采场顶板内应变能分布的三维散点图见图 5-15。由图 5-15 可看出,充填工作面已开采空间虽达到采煤工作面的 2 倍,但顶板内应变能的峰值点却位于采煤工作面后方,这表明充填工作面防冲效果明显;随 φ 值增大,充填工作面顶板内应变能的整体水平逐步降低,当 φ 值低于 60% 时,充填工作面顶板内应变能的整体水平高于采煤工作面,并且应变能峰值区位于充填工作面前方,当 φ 值由 60% 逐步增大后,充填工作面顶板内应变能整体水平则逐步低于采煤工作面,应变能峰值区逐步转移至实体煤侧,当 φ 值为 90%

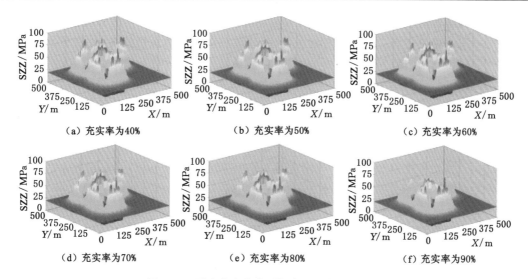

（a）充实率为40%　　　　（b）充实率为50%　　　　（c）充实率为60%

（d）充实率为70%　　　　（e）充实率为80%　　　　（f）充实率为90%

图 5-14　随充实率变化顶板支承压力分布情况

时,充填工作面顶板内应变能整体水平甚至仅为采煤工作面的 1/2 左右;随 φ 值增大,采煤工作面顶板内应变能水平亦同步降低,这表明采-充空间集中布置有利于冲击地压防治。

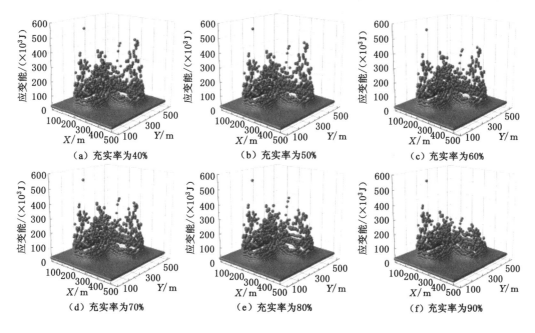

（a）充实率为40%　　　　（b）充实率为50%　　　　（c）充实率为60%

（d）充实率为70%　　　　（e）充实率为80%　　　　（f）充实率为90%

图 5-15　不同充实率条件下顶板内应变能分布情况

综合前述分析可知,深部采选充一体化矿井面临冲击地压防控需求时,应尽量集中布置采-充空间,并且当可供充填的矸石量一定时,采-充空间应避免采用全部非密实充填布局方式,尽量应用局部密实充填布局方式。

5.4.3　沿空留巷需求

为减少区段煤柱损失、提高煤炭资源采出率、减少掘巷工程量、解决上隅角瓦斯积聚难题,近年来我国各大矿区均在大力推广无煤柱沿空留巷技术,其中以何满潮院士提出的 110 工法、N00 工法最具代表。深井受高地应力、强开采扰动及煤岩体强流变、大变形力学特性等因素共同影响,沿空留巷技术应用受限,但对于深部采选充一体化矿井而言,发挥充填工作面在岩层控制、弱化采场矿山压力方面的技术优势,可为实现深井沿空留巷创造有利条件。

充实率与充填方式变化影响覆岩运移规律,进而影响留巷效果,为此以新巨龙煤矿 1302N-2 充填工作面为例,对上述内容进行研究。该工作面采高为 2.7 m,布置长度为 85 m,走向长度为 481.6 m,上下平巷净宽为 4.6 m、净高为 3.7 m,以沿空留巷方式保留上平巷,作为相邻 1303N-1 工作面的下平巷使用。基于 1302N-2 工作面实际地质条件,建立图 5-15 所示数值模型。本次模拟不考虑留巷支护方式及参数,矸石墙与充填体均采用双屈服本构模型,矸石墙宽度为 2.5 m,力学参数参照文献[170]选取,充填体力学参数根据块体恒定最大垂直位移与相应 φ 值的关系依次反演得到。

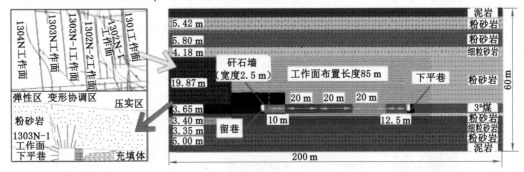

图 5-16　1302N-2 工作面沿空留巷数值模型

图 5-17 所示为充填长度为工作面全长时,随充实率变化留巷围岩的变形情况。由图 5-17可看出,留巷围岩变形呈非对称特点,实体煤帮与底板的变形量相对较小,顶板及矸石墙的变形程度较大;随 φ 值增大,充填体对覆岩运动的控制作用逐步增强,矸石墙所受载荷减小,墙体变形破坏程度得到改善,对顶板的支撑作用增强,顶板下沉量同步减小;在充实率恒定时,提高矸石墙强度是改善留巷效果的有效方法,也可在靠近墙体处安设墩柱加强支护,但采用这两种方法时应注意给墙体预留一定的给定变形空间。

不同充实率条件下留巷围岩收敛量变化曲线见图 5-18。分析图 5-18可知:留巷围岩收敛量与 φ 值正相关;矸石墙的水平位移是影响两帮收敛量的主要因素;基于曲线斜率变化情况,可将留巷围岩变形划分为三个阶段,即初始变形阶段、变形加速阶段、变形稳定阶段;φ 值越小,留巷进入围岩变形稳定阶段所需的时间越长;随 φ 值增大,围岩收敛量降幅呈波动性变化。

当井下供给的矸石量较少时,若沿工作面全长对采空区进行充填,则整体充实率较低,对覆岩运动的控制较弱,留巷围岩控制难度大。将有限的矸石集中充填至留巷侧采空区,不仅能够加强覆岩运动控制,同时可有效降低矸石墙所受载荷,从而提高留巷围岩的稳定性。为此,针对不同充实率条件下充填带的合理宽度问题开展研究,共设计 30 组模拟方案,即充填带宽度分别为 10 m、30 m、50 m、70 m、85 m,充实率分别为 40%、50%、60%、70%、80%、90%。由于两变量值不断变化,每次模拟开始前均需要重新反演充填体力学参数,以确保结

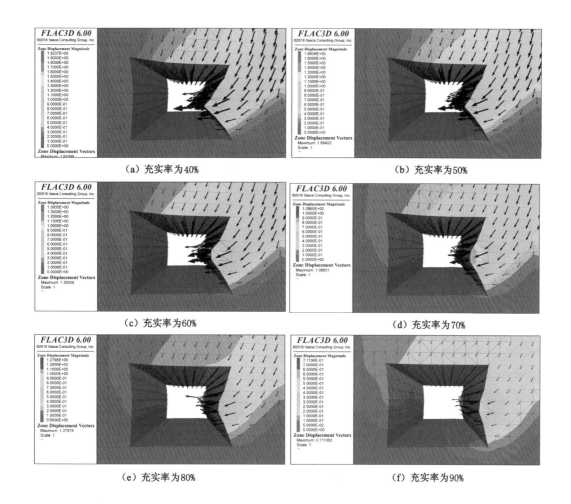

（a）充实率为40%　　　　　　　　（b）充实率为50%

（c）充实率为60%　　　　　　　　（d）充实率为70%

（e）充实率为80%　　　　　　　　（f）充实率为90%

图 5-17　随充实率变化留巷围岩的变形情况

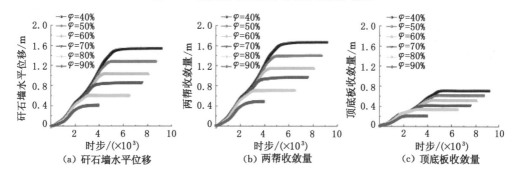

（a）矸石墙水平位移　　　（b）两帮收敛量　　　（c）顶底板收敛量

图 5-18　留巷围岩收敛量变化曲线

果准确。最终得到不同模拟方案留巷围岩的收敛量，如图 5-19 所示。分析图 5-19 可知：当充填带宽度一定时，随充实率增大留巷围岩收敛量大致呈线性递减；当充实率一定时，随充填带宽度增大，留巷围岩收敛量的降幅呈先增大、后减小并最终趋近 0 的规律变化，这表明充填带宽度超过一定范围后对留巷围岩稳定性的影响较小；当充实率高于 80% 时，充填带宽度降至 10 m 对留巷围岩收敛量整体影响不大;当充实率低于 80% 时,应确保充填带宽度不小于 30 m。

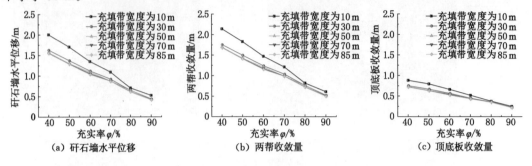

图 5-19　不同模拟方案留巷围岩的收敛量

5.4.4　瓦斯防治需求

相较浅部煤层,深部煤层瓦斯含量增加、瓦斯压力升高、渗透率降低,工作面瓦斯易积聚问题突出。我国 40% 以上的煤矿属于高瓦斯矿井,进入深部开采后 95% 以上的高瓦斯矿井所开采的煤层都是低渗透性煤层,透气性系数普遍低于 $0.1\ \mathrm{m^2/(MPa^2 \cdot d)}$[195]。应用保护层卸压增透技术是实现深部高瓦斯煤层安全开采的有效方法,但对于不具备常规保护层开采条件的单一低渗透性煤层而言,必须寻求其他途径。基于此,张吉雄等基于采选充一体化技术优势提出了选取厚夹矸薄煤线或全岩层作为保护层的开采方法[6,9],具体技术原理为:先开采非常规保护层,实现被保护层卸压增透,见图 5-20[195];同时在保护层、被保护层布置立体抽采系统进行瓦斯预抽;薄煤线保护层开采产生的高含矸率原煤通过井下分选系统实现煤矸分离,分选矸石运输至下伏被保护层工作面采空区进行充填,全岩保护层产生的矸石可直接运输至下伏保护层工作面采空区进行充填。

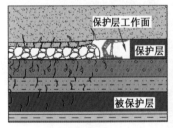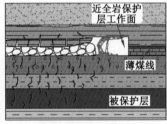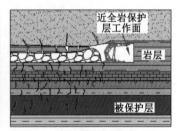

(a) 保护层开采　　　　(b) 近全岩(薄煤线)保护层开采　　　　(c) 全岩保护层开采

图 5-20　三类保护层开采方法

结合深部高瓦斯煤层卸压增透需求、保护层与非常规保护层开采的技术原理,提出了三种深部高瓦斯采选充一体化矿井内采-充空间布局方法,具体为:(1) 若高瓦斯煤层具备保护层开采条件,则根据保护层的相对空间位置(上保护层、下保护层)规划其开采方式,上保护层内仅适宜布置采煤工作面(充填矸石易封堵瓦斯运移通道),下保护层内采煤、充填工作面均可布置,但具体布置方案应依据两类工作面覆岩裂缝带发育高度以及开采需求综合确定,保护层工作面开采后再于被保护层内布置采煤、充填工作面进行开采;(2) 当被保护层不具备保护层开采条件,但适宜布置保护层区间内存在薄煤层(线)时,可根据薄煤层(线)位置规划布置保护层工作面进行卸压增透;(3) 当高瓦斯煤层不具备保护层开采条件且邻近区域不存在薄煤层(线)时,可根据高瓦斯煤层开采条件参照垮落带、裂缝带发育高度计算公式反推确定全岩保护层的合理位置,并且全岩保护层不适宜布置充填工作面。由此可知,是否存在保护层、保护层的相对空间位置及类型、顶板垮落带与顶底板裂缝带发育高度是影响采-充空间布局的决定因素。

为确保高瓦斯煤层卸压增透效果与安全开采,保护层或薄煤层(线)与高瓦斯煤层的间距 H_P 应满足:

$$H_P < H_{dM} \tag{5-35}$$

$$H_M < H_P < H_{DM} \tag{5-36}$$

式中,H_{dM} 为设计保护层工作面的底板裂缝带发育高度,m;H_M、H_{DM} 分别为设计保护层工作面的顶板垮落带、裂缝带发育高度,m。若满足式(5-35),则被保护层具备上保护层开采条件;若满足式(5-36),则被保护层具备下保护层开采条件;当两式均不能满足时,可通过调整保护层工作面的开采参数来改变 H_{dM}、H_M、H_{DM} 值,若两式仍无法满足,则只能布置全岩保护层工作面。文献[194]分别给出了 H_{dM}、H_M 及 H_{DM} 的计算公式,其中式(5-39)、式(5-40)分别适用于 $1\ \text{m} \leqslant h \leqslant 3\ \text{m}$ 与 $3\ \text{m} < h \leqslant 10\ \text{m}$ 两种情况。

$$H_{dM} = 0.008\ 5H + 0.166\ 5\alpha + 0.107\ 9L - 4.357\ 9 \tag{5-37}$$

$$H_M = h/[(K-1)\cos\alpha] \tag{5-38}$$

$$H_{DM} = \frac{100h}{1.6h + 3.6} \pm 5.6 \tag{5-39}$$

$$H_{DM} = \frac{100h}{0.23h + 6.1} \pm 10.42 \tag{5-40}$$

式中,K 为垮落岩石碎胀系数,一般可取 1.3;L 为工作面布置长度,m。

结合式(5-35)、式(5-37),推导得到全岩上保护层合理位置的判别公式:

$$H_P < 0.008\ 5H + 0.166\ 5\alpha + 0.107\ 9L - 4.357\ 9 \tag{5-41}$$

同样,结合式(5-36)、式(5-38)、式(5-39),推导得到全岩下保护层合理位置的判别公式:

$$\frac{h}{[(K-1)\cos\alpha]} < H_P < \frac{100h}{1.6h + 3.6} \pm 5.6 \tag{5-42}$$

薄煤层(线)保护层工作面布置前应先确定其合理采高。对于上薄煤层(线)保护层工作面而言,其底板裂缝带发育高度受采高影响相对较小,因此采高可根据开采需求与技术管理水平综合确定。对于下薄煤层(线)保护层工作面而言,其采高根据式(5-36)、式(5-38)、式(5-39)推导确定:

$$\frac{3.6(H_P \pm 5.6)}{100 - 1.6(H_P \pm 5.6)} < h < (K-1)H_P\cos\alpha \tag{5-43}$$

由于仅在非全岩下保护层开采条件下适宜将充填工面布置于保护层内,考虑充填工作面覆岩垮落带、裂缝带的发育高度与充实率密切相关,若充实率过大势必会降低保护层的卸压增透效果,而若充实率过小则可能沟通垮落带与保护层,因此布置下保护层充填工作面前必须确定其合理充实率。结合式(5-31)、式(5-36)、式(5-38)、式(5-39)推导得到下保护层充填工作面充实率的合理区间:

$$1 - \frac{(K-1)H_P\cos\alpha}{h_b} < \varphi < 1 - \frac{3.6(H_P \pm 5.6)}{h_b[100 - 1.6(H_P \pm 5.6)]} \tag{5-44}$$

5.4.5　保水开采需求

伴随工作面逐步推进,覆岩在矿压作用下发生断裂、垮落并且产生大量拉伸、剪切裂隙。

当原次生裂隙相互贯通后即形成了导水通道,即导水裂缝带,一旦导水裂缝带发育至含水层,含水层内水体将进入采场,不仅严重威胁井下人员安全,也会导致含水层水体疏干严重,引起地下水资源枯竭等系列问题[196]。对于深部采选充一体化矿井,当局部采区覆岩内存在含水层时,应根据煤层与含水层间距 H_w、采煤工作面覆岩裂缝带发育高度 H_{DM} 的大小关系确定该区域是否适宜布置采煤工作面,理论上只要 H_w 与 H_{DM} 之差(即防水保护层厚度 H_B)大于 0,就可确保含水层下采煤工作面安全开采,但实际上 H_B 应具备一定安全余量,文献[194]指出 H_B 可取 3~6 倍的采高,由此得到含水层下适宜布置采煤工作面的必要条件:

$$H_{DM} \leqslant H_w - (3 \sim 6)h \tag{5-45}$$

对于充填工作面而言,矸石充填体作为永久承载体支撑上覆岩层,不仅可有效控制顶板沉降,使覆岩运动以弯曲下沉为主,同时能够减小导水裂缝带发育高度,降低裂缝带与含水层贯通的风险,见图 5-21。因此,当根据式(5-45)判定含水层下不适宜布置采煤工作面时,应继续分析是否适宜布置充填工作面。

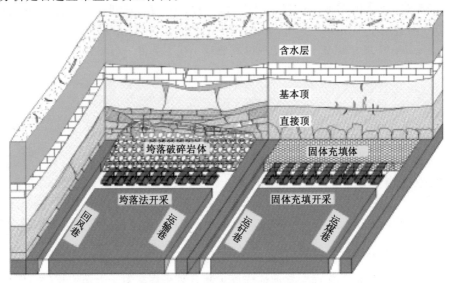

图 5-21 采煤、充填工作面覆岩导水裂缝演化特征[39]

文献[197]统计得出充填工作面采高 h_b、充实率 φ 与导水裂缝带发育高度 H_{DB} 的关系式,即

$$H_{DB} = 31.96 + 2.72h_b - 34.56\varphi \tag{5-46}$$

参照式(5-45),可知含水层下适宜布置充填工作面的必要条件为:

$$H_{DB} \leqslant H_w - (3 \sim 6)h_e = H_w - (3 \sim 6)(1-\varphi)h_b \tag{5-47}$$

综合上述分析,提出深部采选充一体化矿井含水层下采-充空间优化布局方法:当采煤工作面裂缝带发育高度 H_{DM} 满足式(5-45)时,则含水层下采煤、充填工作面均可布置;当采煤工作面裂缝带发育高度 H_{DM} 与充填工作面导水裂缝带发育高度 H_{DB} 满足式(5-48)时,则含水层下仅适宜布置充填工作面;当 H_{DM} 与 H_{DB} 满足式(5-49)时,则含水层下采煤、充填工作面均不宜布置。需要注意的是,一般沿工作面走向 H_w 值将不断发生变化,因此在已划定的开采区域采用上述方法规划采充工作面布局方案时,H_w 值应取开切眼至设计停采线区间内煤层顶板与含水层间距的最小值。

$$\begin{cases} H_{DM} \leqslant H_w - (3 \sim 6)h \\ H_{DB} \leqslant H_w - (3 \sim 6)(1-\varphi)h_b \end{cases} \tag{5-48}$$

$$\begin{cases} H_{DM} > H_w - (3 \sim 6)h \\ H_{DB} > H_w - (3 \sim 6)(1-\varphi)h_b \end{cases} \tag{5-49}$$

由于充填工作面的等价采高 h_e、导水裂缝带高度 H_{DB}、防水保护层厚度 H_B 均为 φ 的函数,因此结合式(5-46)、式(5-47)推导得到 φ 临界值计算公式,即

$$\varphi \geqslant \frac{31.96 + (5.72 \sim 8.72)h_b - H_w}{34.56 + (3 \sim 6)h_b} \tag{5-50}$$

为减少充填工作面矸石需求量,提高充填工作面推进速度,可依据 φ 的临界值规划充填方案,同样,可随 H_w 值变化灵活调整 φ 值。根据式(5-50)绘制得到 φ 临界值与 h_b、H_B、H_w 的关系,如图 5-22 所示。由图 5-22 可看出,当 H_w 恒定时,φ 临界值与 h_b、H_B 均呈非线性正相关关系;而当 h_b 恒定时,φ 临界值则与 H_w 呈线性负相关关系、与 H_B 呈非线性正相关关系。上述结果表明,充填工作面采高越大、设计防水保护层厚度越大、含水层与开采煤层间距越小,对充实率的要求越高,相应矸石需求量也就越大。

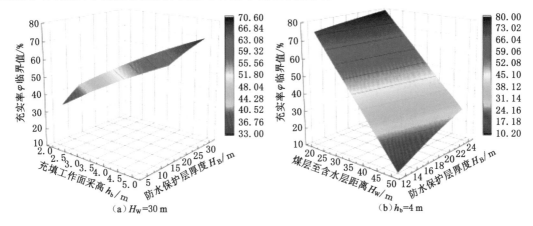

图 5-22　φ 临界值与 h_b、H_B、H_w 的关系

6 深井采-选-充空间优化布局决策方法与应用

前文已针对分选硐室群优化布置方式与紧凑型布局方法及采-充空间优化布局方法分别开展了相关研究,提出了适应不同地质条件与工程需求的采-选-充空间布局方法。但对于深部采选充一体化矿井而言,采-选-充系统属于一个有机整体,矿井统筹规划采-选-充空间布局方案时,不仅需要考虑开采地质条件、围岩控制要求、工程布局需求、技术管理水平等因素,还应充分重视采-选-充空间布局的互馈联动关系,从而确保采-选-充系统能够高效协调配合,最终实现安全高效绿色开采的生产目标。为此,本章主要探讨采-选-充空间布局的互馈联动规律,基于"以采定充"和"以充定采"两类限定条件,明确采-选-充空间优化布局原则,提出采-选-充空间优化布局的科学决策方法,最后以新巨龙煤矿为具体背景,对提出的采-选-充空间优化布局决策方法进行工程应用。

6.1 采-选-充空间布局的互馈联动规律

深部采选充一体化矿井内,采煤空间与充填空间的位置随采掘接替动态变化,分选空间的位置则相对固定;在整体规划井下采-选-充空间布局方案前,必须明确三者之间的互馈联动规律。采煤空间布局主要涉及采煤工作面的数量、位置、开采方法、布置参数与工艺参数,分选空间布局涵盖分选硐室群的空间位置、布置方式以及内部巷硐的数量、尺寸与排列布局,充填空间布局则主要涉及充填工作面的数量、位置、充填方法、布置参数与工艺参数。采-选-充空间布局的互馈联动影响实质是各系统对其他系统空间布局要素的影响。

当深部采选充一体化矿井基于设计生产能力优先制定采煤空间布局方案时,采煤系统将对分选系统和充填系统空间布局提出相应要求。采煤系统对选-充空间布局的影响如图 6-1 所示,主要如下:(1) 采煤工作面的数量、采煤方法、布置参数与工艺参数主要决定矿井原煤产量,为满足全部或设计比例原煤顺利入选,井下分选能力必须与入选原煤量相适应,因而直接影响井下分选方法选择与分选设备配置,进而影响分选硐室群内巷硐的数量、尺寸及排列布局;(2) 采煤工作面的采煤方法、开采装备水平、技术管理水平影响原煤含矸率及块度范围,同样影响井下分选方法选择;(3) 采煤空间布局方案确定后,分选硐室群必须布置于采煤工作面原煤运输路线聚合点下游,并且为降低采动应力影响,分选硐室群应与采煤工作面保持一定的安全间距。

采煤系统对于充填空间布局的影响具体为:(1)"以采定充"条件下,矿井一般在煤质优良、围岩条件好、地质构造少、开采条件简单、覆岩控制要求低的开采区域内布置采煤工作面,相应也就将充填工作面布置于井田内开采条件差、地质构造多、煤层赋存不稳定、采区边界、孤岛煤柱、"三下"压煤等不宜布置采煤工作面的区域;(2) 原煤产量、入选率及含矸率主要决定井下伴生矸石产量,对充填空间的矸石消化能力将提出相应要求,进而影响充填工作

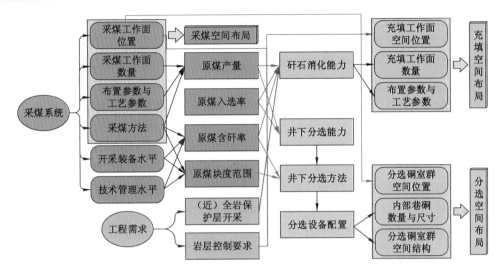

图 6-1　采煤系统对选-充空间布局的影响

面的数量、布置参数与工艺参数;(3)当采煤工作面设计布置区域内面临地表沉陷控制、沿空留巷、冲击地压防治等工程需求时,采-充空间集中布置有利于解决采煤工作面面临的上述问题;(4)对于无保护层开采条件的深部高瓦斯低渗透性煤层,当设计采用薄煤层(线)保护层或全岩保护层开采技术时,矿井伴生矸石产量显著增加,从而对充填工作面的矸石消化能力将提出更高要求;(5)为适应伴生矸石产量波动变化,充填工作面应当具备一定的富余消化能力。

分选系统对采-充空间布局的影响见图 6-2,主要表现为以下方面:(1)为确保原煤顺利入选,分选硐室群必须布置于原煤运输路线聚合点下游,相应规划采-充空间布局方案时必须确保两者均位于分选硐室群上游;(2)为避免深部高地应力与采动应力叠加影响分选硐室群围岩的稳定性,需要合理界定采-充空间与分选硐室群的位置关系;(3)为降低井下矸石运输成本,削弱矸石运输系统与矿井其他生产活动的交互影响,充填空间应尽量靠近分选硐室群布置;(4)分选系统的分选能力和分选效率不仅影响充填空间的矸石消化能力,也可以反向制约采煤空间的原煤生产能力。

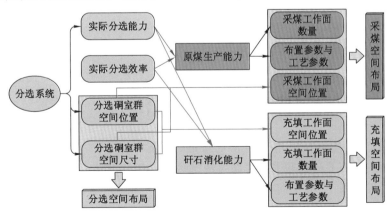

图 6-2　分选系统对采-充空间布局的影响

深部采选充一体化矿井面临地表沉陷控制、岩层移动控制、冲击地压防治、"三下"压煤开采、沿空留巷等工程需求时,应充分发挥充填开采在岩层控制、采场矿山压力弱化等方面的技术优势。此时充填空间布局方案成为矿井面临的首要问题,即选择合适的采-充空间布局方法(全采全充、全采局充、局采全充、局采局充),确定充填空间位置,规划充填工作面的数量、充填方法、布置参数与工艺参数。充填空间布局方案确定后,充填系统将对采煤空间布局及井下分选系统分别产生影响,如图 6-3 所示,具体为:(1) 充填空间的矸石需求量反向影响矿井原煤生产能力及掘进矸石产量,即当矿井伴生矸石产量无法满足充填需求时,需要提高采煤工作面原煤生产能力和掘进矸石产量,当充填空间矸石消化能力较弱时,需要适当降低采煤工作面原煤生产能力和掘进矸石产量;(2) 充填空间对矸石需求量的波动性变化将对分选系统的选煤能力和选煤效率提出相应要求;(3) 矿井面临地表沉陷控制要求时,应根据井田不同区域对地表沉陷量的控制要求以及充填空间布局方案综合确定采煤空间布局方案;(4) 矿井面临冲击地压防治需求时,采煤空间应尽量靠近充填空间布置,充分利用充填空间削弱围岩应力集中程度,降低采场围岩内积聚的弹性应变能;(5) 矿井面临保水开采需求时,应先基于充填工作面的布置参数与工艺参数估算覆岩导水裂缝带的发育高度,确定充填空间布局方案,相应也就确定了采煤空间的合理位置;(6) 在充填工作面与采煤工作面的采高较为适宜的条件下,为降低矿井掘巷工程量,可将采-充空间集中布置,即首先布置充填工作面实现沿空留巷,而后接替布置采煤工作面,从而将留巷作为采煤工作面的一条回采巷道使用,充填工作面与采煤工作面在采区内交替布置,最大限度减小掘巷工程量。

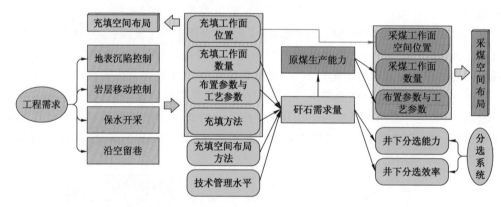

图 6-3　充填系统对采-选空间布局的影响

6.2　采-选-充空间优化布局决策方法

6.2.1　"以采定充"条件下采-选-充空间优化布局决策方法

煤炭资源安全高效绿色开采是深部采选充一体化矿井的核心任务,一般情况下采煤空间布局是规划设计采-选-充空间布局时需要优先考虑的问题,选-充空间布局必须围绕采煤空间布局方案制定。深部采选充一体化矿井"以采定充"时,采-选-充空间布局应参照以下原则:(1) 总体遵循"以采为主、以充为辅"的布置策略;(2) 主要适用于无特定充填需求或充填需求不强烈的矿井;(3)井下需要布置多个采煤工作面时,为降低围岩应力集中程度,避免发生冲击地压、煤与瓦斯突出等动力灾害事故,应分散布置采煤工作面;(4)为确保矿井原煤产量稳定,应将采煤工作面布置于煤层赋存稳定区域,充填工作面则由于围岩控制效果较好可布置于煤层分叉或地质构造复杂区域;(5)井下伴生矸石产量较大时,为降低矸石运输成本,减少矸石排运与矿井其他生产活动的交互影响,充填工作面应尽量靠近井下分选系统布置;(6)充填工作面的数量、位置、充填方式、布置参数与工艺参数应依据伴生矸石产量灵活调整;(7)伴生矸石产量较大时,为减轻充填工作面压力,可配合应用废巷抛矸充填、连采连充等充填方法辅助消化矸石;(8)为适应伴生矸石产量波动性变化,充填工作面应具备一定的富余充填能力;(9)充分利用充填开采的技术优势,一并实现沿空留巷、岩层控制、冲击地压防治等工程目标。

基于采-选-充空间布局的互馈联动规律和"以采定充"条件下采-选-充空间布局原则,建立图 6-4 所示采-选-充空间优化布局决策模型,具体流程如下:(1)基于矿井设计生产能力、采掘装备水平、煤层地质条件、采煤方法及政策法规要求,同时考虑采煤空间布局原则及其影响因素相对权重,先确定采煤空间布局方案;(2)结合掘进接替计划初步核定矿井原煤生产能力,结合矿井设计原煤入选率确定井下分选能力要求;(3)考虑分选精度要求、分选效率要求、原煤煤质情况及块度范围,确定井下分选方法及分选设备配置方案;(4)基于分选设备安置、布局、使用及原煤入选要求,确定分选硐室群内巷硐的数量、断面形状、空间尺寸及排列布局;(5)规划分选硐室群空间布置方式,结合采充工作面位置、煤层地质条件、分选硐室群优化布置方式及紧凑型布局方法制定井下分选空间优化布局方案;(6)基于原煤入选率、原煤含矸率、分选精度及掘进接替计划核定井下伴生矸

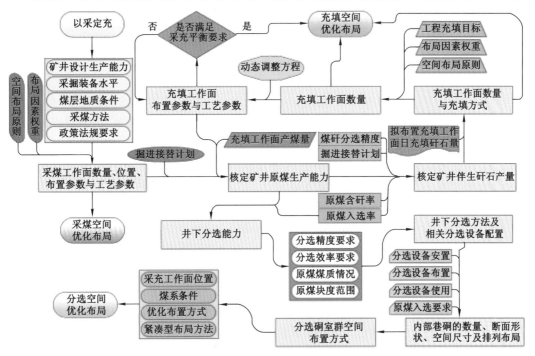

图 6-4　"以采定充"条件下采-选-充空间优化布局决策模型

石产量;(7)初步设计充填工作面的数量与充填方式;(8)结合工程充填目标、充填空间布局原则及影响因素相对权重,确定充填工作面位置;(9)依据动态调整方程确定充填工作面的布置参数与工艺参数;(10)考虑充填工作面的原煤产量,再次核验充填空间布局方案是否满足采充协调要求,最终实现深部采选充一体化矿井内采-选-充空间优化布局科学决策。

6.2.2 "以充定采"条件下采-选-充空间优化布局决策方法

现阶段,我国矿井普遍面临生态环境破坏问题,充填开采作为一种应用成熟的绿色开采技术,是解决上述问题的有效途径,但目前真正选择通过充填开采解决实际问题和长期坚持充填开采的矿井占比很小,制约充填开采技术推广的主要原因在于初期建设投资大、投资回收期长、充填成本高、充填材料短缺以及缺乏相关政策激励。可以预见,随着社会对环境保护意识、资源不可再生认识的提高以及循环经济不断发展,充填开采必将成为今后煤炭开采领域的发展趋势。

虽然目前完全依靠充填开采进行煤炭生产活动的矿井很少,但矿井面临地表沉陷控制、冲击地压防治、"三下"压煤开采等工程需求时,为实现岩层移动与围岩应力控制目标,仍可能短期内"以充定采"。由于矿井"以充定采"时,充填材料不一定仅依靠井下伴生矸石,因此以充填空间对井下伴生矸石的需求量来确定采煤空间布局的相关参数。

深部采选充一体化矿井"以充定采"时,井下采-选-充空间布局应参照下列原则:(1)总体遵循"以充为主、以采为辅"的布置策略;(2)主要适用于地表沉陷控制、冲击地压防治、"三下"压煤开采等工程充填需求强烈的矿井;(3)所需配采的采煤工作面数量达到2个及以上时,应对其进行分散布置;(4)基于不同的工程充填需求,灵活调整采煤工作面与充填工作面的空间位置关系;(5)充填工作面位置主要基于具体工程需求确定,不受分选硐室群位置限制;(6)分选系统的分选能力及分选效率应满足充填工作面要求;(7)为确保矿井伴生矸石产量满足工程充填需求,可适当增大采煤工作面生产能力或掘进矸石产量,保障充填矸石供应。

同样,结合采-选-充空间布局互馈联动规律和"以充定采"条件下采-选-充空间布局原则,建立了采-选-充空间优化布局决策模型,如图6-5所示,详细流程如下:(1)明确矿井面临的工程充填需求,同时考虑充填空间布局原则及其影响因素相对权重,制定充填空间布局方案;(2)确定充填空间对井下伴生矸石的需求量;(3)基于伴生矸石需求量和原煤入选率,确定充填空间对井下分选能力及效率的要求;(4)与前述相同,依次确定井下分选方法及相关分选设备配置,分选硐室群内巷硐的数量、断面形状、空间尺寸及排列布局,分选硐室群空间布置方式,进而参照采充工作面位置、煤系条件、分选硐室群优化布置方式与紧凑型布局方法确定分选空间优化布局方案;(5)根据矿井掘进接替计划及原煤入选率确定对回采矸石的产量要求;(6)结合煤矸分选精度与原煤含矸率确定回采原煤产量要求,进而去除充填空间原煤产量得到采煤空间原煤产量;(7)基于矿井实际开采条件确定采煤工作面数量;(8)结合工程需求、采煤空间布局原则及其影响因素相对权重、采煤工作面数量确定采煤空间位置;(9)基于动态调整方程确定采煤工作面的布置参数与工艺参数,核验是否满足采充协调要求,最终确定采煤空间优化布局方案。

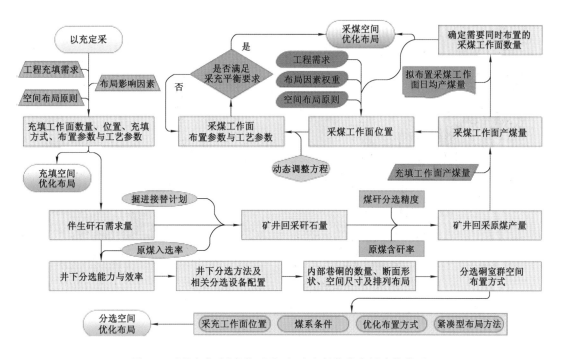

图 6-5 "以充定采"条件下采-选-充空间优化布局决策模型

6.3 采-选-充空间优化布局决策方法的实践应用

6.3.1 矿井概况

新汶矿业集团新巨龙煤矿位于菏泽市巨野县龙堌镇,矿井地质储量为 16.83 亿 t,可采储量为 5.1 亿 t,设计生产能力为 6.00 Mt/a,服务年限为 82 a。矿井采用立井多水平开拓,第一开采水平标高为 -810 m,第二开采水平标高为 -950 m,属深矿井。井田地表主要为农田,地表沉陷量控制要求较低,井上下对照如图 6-6 所示。矿井主采 $3^\#$ 煤(煤层分叉区域开采 $3_上$ 煤),煤层平均厚度为 8.92 m($3_上$ 煤厚度为 3.65 m),相对瓦斯涌出量为 0.45 m^3/t,绝对瓦斯涌出量为 5.29 m^3/min,属低瓦斯矿井。煤层顶板探放水钻孔单位涌水量为 0.002 0~0.007 4 L/(s·m),顶板富水性较弱。煤炭科学研究总院北京开采所和北京科技大学对矿井煤系冲击倾向性的鉴定结果表明,$3^\#$ 煤及顶板岩层具有冲击倾向性,并且矿井 2305S 工作面已于 2020 年 2 月 22 日发生冲击地压事故,属冲击地压矿井。综上所述,新巨龙煤矿现阶段面临的主要工程需求为冲击地压防治。

新巨龙煤矿地表建有配套 10.00 Mt/a 的特大型炼焦煤选煤厂,采用块煤动筛、末煤两段、两产品重介主选工艺,粗煤泥采用干扰床分选机分选,细煤泥采用浮选工艺。同时,为增强矿井提升效率,提高升井原煤初级质量,矿井前期在一采区南翼建成 $+100$ mm 级重介浅槽分选系统,设计分选能力为 2.10 Mt/a,主要用于排除原煤中的大块矸石,但实际由于设计的原煤入选粒度较大,原煤入选率仅为 14%。为增加原煤入选量,同时降低井下分选成本,实现井下矸石全粒级分离,矿井规划井下扩建处理能力为 1.00 Mt/a 的全水介跳汰分选

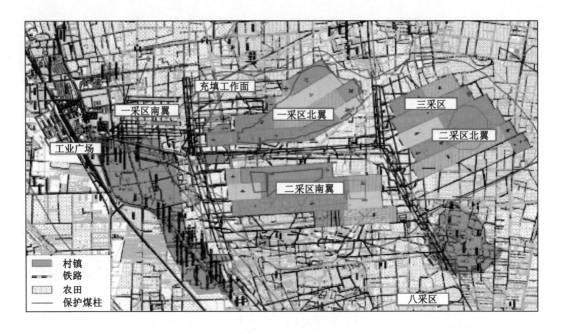

图 6-6　新巨龙煤矿井上下对照图

系统。

为实现伴生矸石就地充填,矿井在一采区北翼、二采区南翼的煤层分叉区域布置充填工作面;同时,为充分利用充填开采在岩层控制方面的技术优势,减小邻近工作面隔离煤柱损失,提高煤炭资源采出率,在充填工作面一并实施沿空留巷。

6.3.2　采煤空间优化布局方案

新巨龙煤矿井下采煤-充填空间布局长期遵循"以采定充"策略,"2·22"冲击地压事故发生后,矿井减少了同时开采的采煤工作面数量,降低了采煤工作面的推进速度,但由于充填液压支架最大高度仅为 3.8 m,无法满足采煤-充填空间集中布置要求,因此目前矿井开采仍遵循"以采定充"、采-充空间分散布置的策略。

目前,矿井将采煤工作面分散布置于−810 m 水平二采区南翼、北翼及八采区,如图 6-7 所示。采煤工作面应用放顶煤开采工艺,综放工作面平均布置长度为 260 m,采高为 3.8 m,平均采放比为 1∶1.12,循环推进步距为 0.8 m,日循环进度为 2.4 m,放煤方式为多轮顺序放煤。采煤工作面配备 MG620/1540-WD 型双滚筒采煤机、ZF15000/23/43型放顶煤液压支架、SGZ1000/2×1200 型前部刮板输送机及 SGZ1200/2×1200 型后部刮板输送机。

新巨龙煤矿以往为提高原煤产量在井下同时布置 3 个综放工作面和 1 个充填工作面,2020 年以来由于受到新冠疫情、"2·22"冲击地压事故以及"一矿两面三刀"政策等多方面因素影响,矿井提出"两放一充"协调开采的长期总体布局规划,规划的两类工作面生产接续方案如表 6-1 所示。

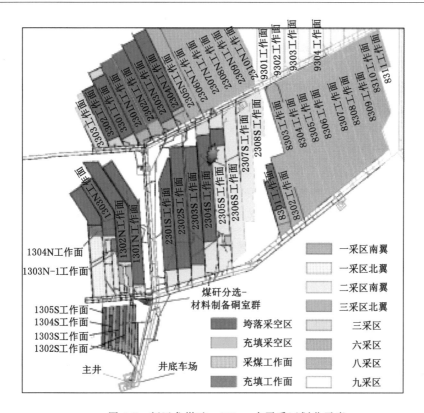

图 6-7　新巨龙煤矿－810 m 水平采区划分示意

表 6-1　新巨龙煤矿生产接续安排表

区队	工作面编号	煤厚/m	回采起止时间	采高/m	面长/m	走向长度/m	循环推进步距/m	日均循环数/个
综放一区	2304S 工作面	8.0	2017 年 5 月—2019 年 9 月	3.8	262～270	2 478	0.8	6.0
	8301 工作面	8.0	2019 年 7 月—2020 年 7 月		130～260	1 138		4.5
	8303 工作面	9.0	2020 年 7 月—2021 年 4 月		260	574		3.0
	3303 工作面	9.4	2021 年 5 月—2022 年 2 月		260	680		3.0
综放二区	2304N 工作面	9.1	2018 年 9 月—2020 年 6 月		260	1 653		5.0
	2305S 工作面	9.2	2020 年 1 月—2022 年 4 月		263.5	910		3.0
	8302 工作面	9.2	2022 年 5 月—2023 年 8 月		260	1 040		3.0
	1307 工作面	7.0	2022 年 5 月—2023 年 8 月		300	1 660		3.0
充填区	1303N-1 工作面	3.0	2019 年 11 月—2021 年 6 月	3.0	103	980	0.6	3.0
	1303N-2 工作面	3.4	2021 年 6 月—2022 年 1 月	3.4	75～105	375		3.0
	1304N 工作面	3.2	2022 年 2 月—2022 年 9 月	3.2	220～260	525		3.0
	11302 工作面	3.0	2022 年 1 月—2025 年 1 月	3.0	300	2 525		3.0

先核定矿井原煤产量。为简化计算,忽略全年采煤工作面的接续情况,取 n_1 值为 2,根据国家关于煤矿生产能力核定标准天数的规定取 D_t 值为 330 d。参照表 6-1 确定综放工作面的

日均循环数 c_i 为 3，综放工作面平均布置长度 l_i 为 260 m，循环推进步距 f_i 为 0.8 m，ρ_c 取 1.36 t/m³，r_1 取 0.95，r_2 取 0.85，已知综放工作面的采高为 3.8 m，煤层平均厚度 H_i 取 9 m，将以上数据代入式(5-9)，计算得出采煤工作面年原煤产量 Y_{cm} 为 4.50 Mt。同样，将 1303N-1 充填工作面相关数据代入式(5-8)，计算得出充填工作面年原煤产量 Y_{cb} 为 0.24 Mt。根据表 6-2 所示的矿井年度掘进计划，将相关数据代入式(5-10)，计算确定掘进工作面年原煤产量 Y_{cr} 为 0.27 Mt。综合上述数据，核算确定新巨龙煤矿当前年原煤产量 Y_c 约为 5.01 Mt，这表明矿井遵循"一矿两面三刀"政策要求减少采煤工作面数量、降低推进速度后，矿井实际原煤产量并未达到设计生产能力。由于综放工作面适宜布置长度为 120～320 m[198]，因此后续可通过增加工作面长度提高原煤产量，在其他参数保持恒定的条件下，通过式(5-9)反推确定当综放工作面长度增至 320 m 时，矿井原煤产量可满足设计生产能力 6.00 Mt/a 的要求。

表 6-2　新巨龙煤矿年度掘进计划(2021 年)

区队	巷道类别	岩性	断面积/m²	掘进长度/m	合计/m	总进尺/m
综掘一区 1 队	回采巷道	煤	21.1	520	1 430	1 430
	开拓巷道	煤	21.1	910		
综掘一区 2 队	回采巷道	煤	21.1	260	260	1 000
	开拓巷道	半煤岩	21.1	740	740	
综掘一区 3 队	回采巷道	煤	21.1	1 600	1 600	1 695
	准备巷道	岩	21.1	95	95	
综掘二区 1 队	回采巷道	煤	21.1	1 470	1 470	1 470
综掘二区 2 队	开拓巷道	岩	26.5	450	450	595
	开拓巷道	岩	35.0	100	100	
	开拓巷道	岩	70.0	45	45	
综掘二区 3 队	准备巷道	半煤岩	21.1	280	360	705
	开拓巷道	半煤岩	21.1	80		
	准备巷道	岩	25.6	285	285	
	开拓巷道	岩	70.0	60	60	
综掘三区 1 队	回采巷道	煤	21.1	1 340	1 660	1 850
	开拓巷道	煤	21.1	320	140	
	回采巷道	岩	21.1	140	50	
	开拓巷道	岩	31.0	50		
综掘三区 2 队	开拓巷道	半煤岩	21.1	665	665	665
快八队 1 队	回采巷道	煤	25.6	1 775	1 775	1 790
	准备巷道	岩	25.6	15	15	
快八队 2 队	准备巷道	半煤岩	21.1	50	50	1 030
	开拓巷道	岩	21.1	980	980	
快八队 3 队	准备巷道	岩	25.6	830	830	830
中煤五建	开拓巷道	岩	31.1	1 440	1 440	1 440

6.3.3 分选空间优化布局方案

新巨龙煤矿前期考虑重介浅槽排矸具有精度高、系统可靠、矸石带含煤率低的显著优点,选用重介浅槽分选工艺进行井下煤矸分选。基于重介浅槽分选工艺设备配置及安置要求,分选硐室群内需要具体布置原煤入选巷道、筛分破碎硐室、产品转运硐室、浅槽排矸硐室、矸石排运巷道、精煤排运巷道及煤泥水澄清硐室,其中筛分破碎硐室与浅槽排矸硐室为分选硐室群的主硐室。为降低分选系统对矿井原煤运输系统的干扰,分选硐室群采用辅助式布置方式。基于围岩稳定要求,分选硐室群设计布置于 $3^{\#}$ 煤顶板内厚度为 19.87 m 的粉砂岩中,考虑分选硐室群必须位于采充工作面原煤运输路线聚合点下游,并且应尽量靠近充填工作面,最终决定将分选硐室群布置于一采区回风上山与北区胶带大巷夹角地带,如图 6-8 所示。

图 6-8　新巨龙煤矿井下分选硐室群空间布局

地应力测试结果表明(见表 6-3),矿井地应力场属 σ_{Hv} 型,并且 $\lambda_H \neq \lambda_h$,由于测点 AE4 距分选硐室群最近,以该点测试结果作为分选硐室群布置依据。根据前文研究结果可知,主硐室的最佳轴向为与 σ_H 方向呈 $0° \sim 15°$ 夹角。为最大限度降低水平应力对分选硐室群围岩稳定性的影响,将原煤入选巷道与精煤排运巷道分别与筛分破碎硐室、浅槽排矸硐室平行布置,考虑两条巷道与北区胶带大巷垂直布置最有利于交岔点区域围岩稳定,最终确定筛分破碎硐室、浅槽排矸硐室轴向与 σ_H 方向呈 13° 夹角,详见图 6-8。基于主辅硐室垂直布置原则,将产品转运硐室与筛分破碎硐室、浅槽排矸硐室垂直布置。考虑重介质添加方便和高频筛下水进入刮吸泥池的流畅性,煤泥水澄清硐室轴向与浅槽排矸硐室轴向呈 75° 夹角。

表 6-3　新巨龙煤矿-810 m 水平地应力测试结果

测点编号	σ_H/MPa	σ_h/MPa	σ_v/MPa	σ_H 方向	λ_H	λ_h
AE1	27.0	22.3	23.7	NE180°	1.14	0.94
AE2	25.5	16.1	18.4	NE110°	1.39	0.88
AE3	32.1	22.7	23.9	NE100°	1.34	0.95
AE4	27.3	16.2	19.5	NE118°	1.40	0.83

根据分选硐室群内非等高巷硐渐进式过渡的优化布置原则,对原煤入选巷道与筛分破

碎硐室衔接处、精煤排运巷道与浅槽排矸硐室衔接处分别进行渐进式过渡处理,如图 6-9 所示。同时,遵循尖角区倒角过渡原则,对分选硐室群内的垂直交岔点进行倒角处理,倒角半径取 3 m。

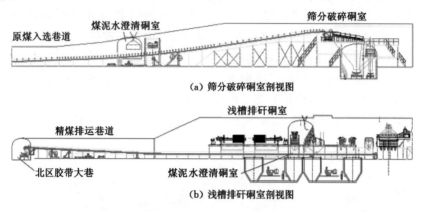

(a) 筛分破碎硐室剖视图

(b) 浅槽排矸硐室剖视图

图 6-9　井下分选硐室群剖视图

已知重介浅槽分选硐室群开挖前原岩应力 p 为 20.25 MPa,筛分破碎硐室与浅槽排矸硐室的等效开挖半径 r_1、r_2 分别为 4.7 m、5.3 m,根据地应力测试结果 λ 取 0.83,基于前文煤岩力学强度测试结果确定粉砂岩的内聚力 C 为 3 MPa、内摩擦角 φ 为 35°,支护阻力 p_i 取 0.5 MPa,将以上数据代入式(3-12)至式(3-14)进行计算,确定两主硐室的等效间距 R_d 应不小于 21.1 m。同时,已知筛分破碎硐室内带式输送机离地高度 h_b 为 0.75 m,两主硐室底板高差 h_d 为 4.5 m,浅槽排矸硐室内原煤入选高度 h_s 为 4.2 m,带式输送机设计输送仰角 θ 为 5°,将上述参数代入式(3-15),计算确定 R_h 最小值为 90.8 m,由式(3-16)最终确定主硐室间距为 90.8 m,见图 6-8。

综上所述,新巨龙煤矿井下重介浅槽分选硐室群布置基本符合第 3 章提出的分选空间优化布置原则,但由于原煤入选提升高度较大且带式输送机的设计输送仰角较小,主硐室间距较大,未能实现紧凑型布局。

新巨龙煤矿井下重介浅槽分选系统自建成后,实际年原煤入选量仅为 1.00 Mt,目前已服务 3 个充填工作面,即 1302N-1 充填工作面、2305S 充填工作面及 1302N-2 充填工作面。为增加井下原煤入选量,矿井规划对原重介浅槽分选系统进行升级改造,基于系统可靠、生产灵活、工艺简单、运行费用低、分选效果好的总体要求,最终决定新增 1.00 Mt/a 级动筛跳汰分选系统。

为降低新增动筛跳汰分选系统与矿井其他生产活动的交互影响,便于统一管理,避免影响采-充空间布局,应尽量将新增动筛跳汰分选系统布置于重介浅槽分选硐室群内。为此,需要分析重介浅槽分选硐室群是否满足新增动筛跳汰分选系统的设备安置要求。已知新增动筛跳汰分选系统的关键设备主要包括原煤脱粉筛、专项研发跳汰机、专项研发水介质旋流器、粗煤泥回收机以及矸石脱水斗式提升机,各设备排列布置后大约需要 20.1 m×4.5 m×5.6 m(长×宽×高)的安置空间。考虑产品转运硐室靠近浅槽排矸硐室一侧原布置设备仅为两条原煤运输胶带,富余空间较多,参照表 2-1 可知其空间尺寸为 20 m×7 m×8 m,基本满足新增动筛跳汰分选系统的设备安置要求,并且将新增动筛跳汰分选系统布置于此区域时,对重介浅槽分选系统影响较小,因此最终决定将新增动筛跳汰分选系统布置于产品转运硐室内,如图 6-10 所示。

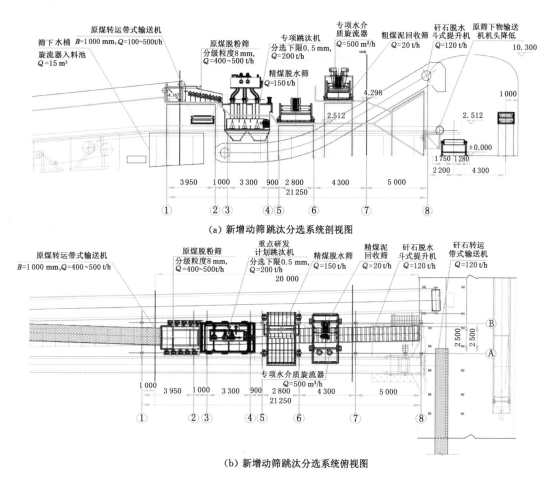

(a) 新增动筛跳汰分选系统剖视图

(b) 新增动筛跳汰分选系统俯视图

图 6-10　新增动筛跳汰分选系统设备布置图

6.3.4　充填空间优化布局方案

新巨龙煤矿井下充填工作面采用一采一充工序,循环推进步距(即充填步距)为 0.6 m。充填工作面配备 MG300/730-WD 型双滚筒采煤机、ZC9000/20/38 型充填液压支架、SGZ730/400 型刮板输送机及多孔底卸式输送机。

相关文献研究表明[199],综放工作面原煤含矸率 G_r 一般为 10%～20%,经现场实测确定 G_r 值约为 15%,矸石密度 ρ_g 为 2.0 t/m³,矸石自然堆积密度 ρ_1 为 1.35 t/m³。根据前文介绍已知,井下分选系统升级改造后,年原煤入选量为 2.00 Mt;根据示范工程要求,矸石选出率 A_1 为 90%、矸石带含煤率 A_2 为 3%。参照表 6-2 所示的矿井掘进计划,可确定 n_3、n_4、l_{cp}、S_p、l_{rq}、S_q 等参数,将上述相关数据代入式(5-12),计算得出矿井年掘进矸石量 Y_{ge} 约为 0.32 Mt。继续将以上相关数据代入式(5-14),计算确定在不考虑充填工作面的产矸量时,矿井年产矸量 Y_g 为 0.60 Mt,即日产矸量为 1 818 t。

参照表 6-1 可知,1303N-1 充填工作面的布置长度 l_b 为 103 m,采高 h_b 为 3 m,日循环数

c_b 为 3，循环推进步距 f_b 为 0.6 m，文献[193]通过压实实验外推拟合确定 ε_0 值为 0.32，将上述数据代入式(5-17)，计算得出当 1303N-1 充填工作面的充实率 φ 为 30%～90% 时，日充矸量为 748～949 t，显然无法满足井下伴生矸石的消化需求。通过增加 1303N-1 充填工作面的日循环数 c_b 或同时布置其他充填工作面可解决上述问题。根据式(5-17)绘制得到充实率 φ 与日充矸量的对应关系，如图 6-11 所示。由图 6-11 可看出，若 l_b 恒定（即仅布置 1303N-1 充填工作面），则当日循环数 c_b 为 6、充实率 φ 为 80% 时，可刚好满足矸石消化需求；但实际在 φ 为 80% 的条件下无法实现日推进 6 个循环步距，因此只能通过增加充填工作面的数量来消化剩余矸石。

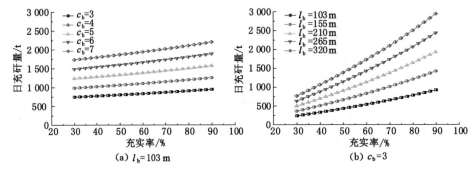

图 6-11　充实率与日充矸量的对应关系

根据表 6-1 所示充填工作面接替方案，设计井下同时布置 1304N 充填工作面，已知该工作面的布置长度 l_{b1} 为 260 m，采高 h_{b1} 为 3.2 m，通过式(5-19)所示动态调整方程计算确定两充填工作面的充实率 φ 均不低于 55% 时，方可满足矸石消化要求。考虑两充填工作面日产矸量后（假定两充填工作面所产原煤均可入选），矿井日产矸量达 2 207 t，核算确定两工作面的日循环数 c_b 为 3 时，整体充实率 φ 达 65% 以上方可满足矸石消化需求。

现场实践经验表明，当充填工作面的充实率 φ 达 80% 时，留巷围岩控制效果良好。第 5 章中数值模拟结果表明，当充填段充实率高于 80% 时，充填带宽度降至 10 m 对留巷围岩收敛量整体影响不大，因此，两充填工作面应将近留巷侧的充实率提升至 80% 以上，并且确保该区域宽度不低于 10 m。

参考文献

[1] 中华人民共和国自然资源部.中国矿产资源报告2019[M].北京:地质出版社,2019.

[2] 武强,涂坤,曾一凡,等.打造我国主体能源(煤炭)升级版面临的主要问题与对策探讨[J].煤炭学报,2019,44(6):1625-1636.

[3] 康红普,王金华,林健.高预应力强力支护系统及其在深部巷道中的应用[J].煤炭学报,2007,32(12):1233-1238.

[4] 黄炳香,张农,靖洪文,等.深井采动巷道围岩流变和结构失稳大变形理论[J].煤炭学报,2020,45(3):911-926.

[5] 谢和平.深部岩体力学与开采理论研究进展[J].煤炭学报,2019,44(5):1283-1305.

[6] 张吉雄,张强,巨峰,等.煤矿"采选充+X"绿色化开采技术体系与工程实践[J].煤炭学报,2019,44(1):64-73.

[7] 何满潮.深部的概念体系及工程评价指标[J].岩石力学与工程学报,2005,24(16):2854-2858.

[8] JING H W,WU J Y,YIN Q,et al. Deformation and failure characteristics of anchorage structure of surrounding rock in deep roadway[J]. International journal of mining science and technology,2020,30(5):593-604.

[9] 张吉雄,屠世浩,曹亦俊,等.深部煤矿井下智能化分选及就地充填技术研究进展[J].采矿与安全工程学报,2020,37(1):1-10.

[10] ZHANG J X,YAN H,ZHANG Q,et al. Disaster-causing mechanism of extremely thick igneous rock induced by mining and prevention method by backfill mining[J]. European journal of environmental and civil engineering,2020,24(3):307-320.

[11] MA Z G,GONG P,FAN J Q,et al. Coupling mechanism of roof and supporting wall in gob-side entry retaining in fully-mechanized mining with gangue backfilling[J]. Mining science and technology(China),2011,21(6):829-833.

[12] 缪协兴,巨峰,黄艳利,等.充填采煤理论与技术的新进展及展望[J].中国矿业大学学报,2015,44(3):391-399.

[13] ZHANG J X,ZHOU N,HUANG Y L,et al. Impact law of the bulk ratio of backfilling body to overlying strata movement in fully mechanized backfilling mining[J]. Journal of mining science,2011,47(1):73-84.

[14] MA L,DING Z W. The application research on backfill mining technology of gangue for coal pillar mining in Xingtai mining village[J]. Advanced materials research,2010,156/157:225-231.

[15] GUO G L,ZHA J F,MIAO X X,et al. Similar material and numerical simulation of

strata movement laws with long wall fully mechanized gangue backfilling[J]. Procedia earth and planetary science,2009,1(1):1089-1094.

[16] 张吉雄,缪协兴,张强,等."采选抽充采"集成型煤与瓦斯绿色共采技术研究[J].煤炭学报,2016,41(7):1683-1693.

[17] 张吉雄,张强,巨峰,等.深部煤炭资源采选充绿色化开采理论与技术[J].煤炭学报,2018,43(2):377-389.

[18] 何琪.煤矿井下采选充采一体化关键技术研究[D].徐州:中国矿业大学,2014.

[19] 刘学生,宋世琳,范德源,等.深部超大断面硐室群围岩变形破裂演化规律试验研究[J].采矿与安全工程学报,2020,37(1):40-49.

[20] 殷伟.充填协同垮落式综采矿压控制理论与应用研究[D].徐州:中国矿业大学,2017.

[21] 冯国瑞,杜献杰,郭育霞,等.结构充填开采基础理论与地下空间利用构想[J].煤炭学报,2019,44(1):74-84.

[22] 曹亦俊,刘敏,邢耀文,等.煤矿井下选煤技术现状和展望[J].采矿与安全工程学报,2020,37(1):192-201.

[23] 王珺.邢东煤矿井下跳汰排矸工艺系统及设备的改造[J].水力采煤与管道运输,2016(2):54-57.

[24] 缪协兴,张吉雄.井下煤矸分离与综合机械化固体充填采煤技术[J].煤炭学报,2014,39(8):1424-1433.

[25] 王新民,夏云凯.井下选煤排矸技术的发展现状及趋势[J].煤炭加工与综合利用,2020(3):6-10.

[26] 唐于辉,王焕忠,彭阳,等.井下重介浅槽煤矸分离系统在新巨龙选煤厂的应用[J].煤炭加工与综合利用,2018(7):16-19.

[27] 白光超,毕思锋,温朋朋.大型煤矿井下重介浅槽煤矸分离系统设计[J].煤炭工程,2016,48(5):24-26.

[28] 殷伟,包旭,刘恒凤,等.协同综采面过渡区域覆岩结构与矿压控制研究[J].采矿与安全工程学报,2018,35(1):86-93.

[29] ZHANG Q,ZHANG J X,HUANG Y L,et al. Backfilling technology and strata behaviors in fully mechanized coal mining working face[J]. International journal of mining science and technology,2012,22(2):151-157.

[30] ZHU X J,GUO G L,WANG J,et al. Analysis of strata and ground subsidence in fully mechanized solid backfilling mining:a case study of Huayuan coal mine [J]. Transactions of the institution of mining and metallurgy,section A:mining technology,2016,125(4):233-241.

[31] HUANG Y L,ZHANG J X,AN B F,et al. Overlying strata movement law in fully mechanized coal mining and backfilling longwall face by similar physical simulation [J].Journal of mining science,2011,47(5):618-627.

[32] 张吉雄,巨峰,李猛,等.煤矿矸石井下分选协同原位充填开采方法[J].煤炭学报,2020,45(1):131-140.

[33] 殷伟,缪协兴,张吉雄,等.矸石充填与垮落法混合综采技术研究与实践[J].采矿与安

全工程学报,2016,33(5):845-852.

[34] 王启春,郭广礼.村庄下厚煤层综合机械化矸石充填开采地表沉陷与变形分析[J].煤矿安全,2020,51(1):222-228.

[35] 李猛,张卫清,李艾玲,等.矸石充填材料承载压缩变形时效性试验研究[J].采矿与安全工程学报,2020,37(1):147-154.

[36] 黄艳利,张吉雄,张强,等.充填体压实率对综合机械化固体充填采煤岩层移动控制作用分析[J].采矿与安全工程学报,2012,29(2):162-167.

[37] LI M,ZHANG J X,LIU Z,et al. Mechanical analysis of roof stability under nonlinear compaction of solid backfill body[J]. International journal of mining science and technology,2016,26(5):863-868.

[38] ZHANG Q,ZHANG J X,HAN X L,et al. Theoretical research on mass ratio in solid backfill coal mining[J]. Environmental earth sciences,2016,75(7):586.

[39] 屠世浩,郝定溢,李文龙,等."采选充+X"一体化矿井选择性开采理论与技术体系构建[J].采矿与安全工程学报,2020,37(1):81-92.

[40] 杨胜利,王俊杰,邓雪杰.基于粒子群算法的井下采选充系统节点选址研究[J].采矿与安全工程学报,2020,37(2):359-365.

[41] 王娜,李佰云.井下巷道选煤工艺技术探讨[J].选煤技术,2015(6):62-65.

[42] GUI X H,LIU J T,CAO Y J,et al. Flotation process design based on energy input and distribution[J]. Fuel processing technology,2014,120:61-70.

[43] 石焕,程宏志,刘万超.我国选煤技术现状及发展趋势[J].煤炭科学技术,2016,44(6):169-174.

[44] 张信龙,李自伟,马连河,等.李家塔煤矿井下煤矸石分选系统的选址分析[J].煤炭技术,2015,34(2):277-279.

[45] 马占国,孙凯,赵国贞,等.煤矿井下湿法分选系统设计[J].煤炭科学技术,2011,39(2):119-121.

[46] 袁超峰.深部大断面硐室群围岩稳定性控制研究[D].徐州:中国矿业大学,2020.

[47] 朱成,袁永,袁超峰,等.深部大断面巷硐围岩稳定性评价与布置方式研究[J].采矿与安全工程学报,2020,37(1):11-22.

[48] 姜耀东,赵毅鑫,刘文岗,等.深部开采中巷道底鼓问题的研究[J].岩石力学与工程学报,2004,23(14):2396-2401.

[49] 黄万朋,高延法,王军.扰动作用下深部岩巷长期大变形机制及控制技术[J].煤炭学报,2014,39(5):822-828.

[50] 康红普,林健,杨景贺,等.松软破碎硐室群围岩应力分布及综合加固技术[J].岩土工程学报,2011,33(5):808-814.

[51] 李世杰,张明杰,张大千.鹤煤公司深部水泵房优化设计与支护技术[J].煤矿开采,2015,20(3):69-72.

[52] 周敏,黄兴,时凯.深井井底车场高地应力硐室群稳定性分析[J].煤炭科学技术,2012,40(2):32-35.

[53] HUANG W P,YUAN Q,TAN Y L,et al. An innovative support technology

employing a concrete-filled steel tubular structure for a 1000-m-deep roadway in a high in situ stress field[J]. Tunnelling and underground space technology,2018,73: 26-36.

[54] YU W J,WANG W J,CHEN X Y,et al. Field investigations of high stress soft surrounding rocks and deformation control [J]. Journal of rock mechanics and geotechnical engineering,2015,7(4):421-433.

[55] ZHANG Z P,XIE H P,ZHANG R,et al. Deformation damage and energy evolution characteristics of coal at different depths[J]. Rock mechanics and rock engineering, 2019,52(5):1491-1503.

[56] 陈静,江权,冯夏庭,等.基于位移增量的高地应力下硐室群围岩蠕变参数的智能反分析[J].煤炭学报,2019,44(5):1446-1455.

[57] 林惠立,石永奎.深部构造复杂区大断面硐室群围岩稳定性模拟分析[J].煤炭学报, 2011,36(10):1619-1623.

[58] 杨仁树,薛华俊,郭东明,等.复杂岩层大断面硐室群围岩破坏机理及控制[J].煤炭学报,2015,40(10):2234-2242.

[59] GUAN W H,LV K,PENG B,et al. Study on coal roadway supporting parameters of broken thick top-coal large section[J]. Advanced materials research,2012,535/536/537:1641-1646.

[60] WANG Q,PAN R,JIANG B,et al. Study on failure mechanism of roadway with soft rock in deep coal mine and confined concrete support system[J]. Engineering failure analysis,2017,81:155-177.

[61] 张杰,路增祥,杨宇江.张家湾铁矿超大断面硐室群阶梯形布置安全间距的确定[J].金属矿山,2017(9):191-196.

[62] 张杰.地下超大断面硐室群稳定性数值模拟分析[D].鞍山:辽宁科技大学,2018.

[63] 郭志飚,任爱武,王炯,等.深部软岩泵房硐室群集约化设计技术[J].采矿与安全工程学报,2009,26(1):91-96.

[64] 王兆申,李高传,张福景.千米埋深采区硐室群集中布置设计[J].煤炭工程,2011(1): 4-6.

[65] 齐宽,谭卓英,李文.地下矿山交叉硐室群稳定性分析[J].矿业研究与开发,2017, 37(7):44-47.

[66] 刘志恒.大断面非等高巷道交岔点围岩控制研究[D].徐州:中国矿业大学,2019.

[67] 闫培显,刘浩,周宝龙.深井软岩硐室群合理布置的数值模拟研究[J].中国煤炭,2018, 44(2):74-76.

[68] 杨计先.井底巷道硐室群破坏机理及综合加固技术研究[J].煤炭科学技术,2019, 47(4):69-77.

[69] 何满潮,李国峰,任爱武,等.深部软岩巷道立体交叉硐室群稳定性分析[J].中国矿业大学学报,2008,37(2):167-170.

[70] JU F,LI M,ZHANG J X,et al. Construction and stability of an extra-large section chamber in solid backfill mining [J]. International journal of mining science and technology,2014,24(6):763-768.

[71] 高玮,郑颖人.蚁群算法及其在硐群施工优化中的应用[J].岩石力学与工程学报,2002,21(4):471-474.

[72] 程桦,蔡海兵,吴丹.煤矿深立井连接硐室群施工顺序优化[J].合肥工业大学学报(自然科学版),2011,34(8):1202-1206.

[73] 郭东明,刘康,胡久羡,等.爆生气体对邻近硐室背爆侧预制裂纹影响机理[J].煤炭学报,2016,41(1):265-270.

[74] LI J C,LI H B,MA G W,et al. Assessment of underground tunnel stability to adjacent tunnel explosion[J]. Tunnelling and underground space technology,2013,35:227-234.

[75] ZHANG W,ZHANG D S,SHAO P. New technology of efficient blasting rock for large section rock roadway drivage in deep shaft with complicated conditions[J]. Applied mechanics and materials,2011,94/95/96:1766-1770.

[76] 康红普,范明建,高富强,等.超千米深井巷道围岩变形特征与支护技术[J].岩石力学与工程学报,2015,34(11):2227-2241.

[77] 刘泉声,邓鹏海,毕晨,等.深部巷道软弱围岩破裂碎胀过程及锚喷-注浆加固 FDEM 数值模拟[J].岩土力学,2019,40(10):4065-4083.

[78] YIN J F. Study of stability of surrounding rock and structural characteristics of large long corridor surge chamber[J]. Advanced materials research,2014,912/913/914:774-782.

[79] LIANG S K. Technology research on rapid excavation of large section super-long coal roadway[J]. Advanced materials research,2014,1010/1011/1012:1560-1563.

[80] 袁亮,薛俊华,刘泉声,等.煤矿深部岩巷围岩控制理论与支护技术[J].煤炭学报,2011,36(4):535-543.

[81] 谢广祥,常聚才,张永将.谢一矿深部软岩巷道位移破坏特征研究[J].煤炭科学技术,2009,37(12):5-8.

[82] CHANG J C,XIE G X. Investigation on deformation and failure characteristics and stability control of soft rock roadway surrounding rock in deep coal mine[J]. Advanced materials research,2011,255/256/257/258/259/260:3711-3716.

[83] 王卫军,袁超,余伟健,等.深部大变形巷道围岩稳定性控制方法研究[J].煤炭学报,2016,41(12):2921-2931.

[84] 王卫军,李树清,欧阳广斌.深井煤层巷道围岩控制技术及试验研究[J].岩石力学与工程学报,2006,25(10):2102-2107.

[85] 程桦,蔡海兵,荣传新,等.深立井连接硐室群围岩稳定性分析及支护对策[J].煤炭学报,2011,36(2):261-266.

[86] 王炯,王浩,郭志飚,等.深井高应力强膨胀软岩泵房硐室群稳定性控制对策[J].采矿与安全工程学报,2015,32(1):78-83.

[87] 潘浩,朱磊,张新福,等.深部临时水仓硐室群围岩偏应力分布特征与控制技术[J].采矿与岩层控制工程学报,2020,2(4):51-59.

[88] WANG Q,JIANG B,SHAO X,et al. Mechanical properties of square-steel confined-

concrete quantitative pressure-relief arch and its application in a deep mine[J]. International journal of mining, reclamation and environment, 2017, 31(1):1-23.

[89] FENG J C, LI H J, ZHAO Z C, et al. New type of high-strength support in deep soft rock roadway[J]. Advanced materials research, 2013, 724/725:1520-1525.

[90] 尹士献, 李德海, 马永庆. 采动影响下硐室群稳定性预测研究[J]. 采矿与安全工程学报, 2009, 26(3):308-312.

[91] 孙晓明, 王冬, 缪澄宇, 等. 南屯煤矿深部泵房硐室群动压失稳机理及控制对策[J]. 煤炭学报, 2015, 40(10):2303-2312.

[92] 姜鹏飞, 郭相平. 强采动下近距离硐室群围岩应力演化及加固对策[J]. 煤矿开采, 2014, 19(6):68-73.

[93] 戴华阳, 郭俊廷, 阎跃观, 等. "采-充-留" 协调开采技术原理与应用[J]. 煤炭学报, 2014, 39(8):1602-1610.

[94] 马立强, 张东升, 王烁康, 等. "采充并行" 式保水采煤方法[J]. 煤炭学报, 2018, 43(1):62-69.

[95] 祁和刚, 张农, 李剑, 等. 煤矿 "短充长采" 科学开采模式研究[J]. 煤炭科学技术, 2019, 47(5):1-11.

[96] 乔宏, 柴进. 重介浅槽深度分选细粒级煤的应用与改进[J]. 煤炭加工与综合利用, 2018(3):23-25.

[97] CAO W, SHANG D Y, ZHANG B N. Underground coal preparation system and applications[J]. IOP conference series: earth and environmental science, 2018, 128:012019.

[98] 张振红. 我国干法选煤技术发展现状与应用前景[J]. 选煤技术, 2019(1):43-47,52.

[99] 梁兴国. TDS智能干选机在井下排矸充填技术的应用[J]. 选煤技术, 2020(2):30-34.

[100] 王新锋. TDS智能干选机在王家塔选煤厂的应用[J]. 选煤技术, 2019(4):98-101.

[101] 丁开旭, 张志高, 张建臣. 旋转冲击式井下煤矸分离可行性研究[J]. 煤矿机械, 2007, 28(8):44-45.

[102] LI J P, YANG D L, DU C L. Evaluation of an underground separation device of coal and gangue[J]. International journal of coal preparation and utilization, 2013, 33(4):188-193.

[103] 董长双, 姚平喜, 刘志河. 井下煤和矸石液压式自动分选技术[J]. 煤炭科学技术, 2007, 35(3):54-56.

[104] 徐龙江. 井下鼠笼式选择性煤矸分离装备关键技术研究[D]. 徐州:中国矿业大学, 2012.

[105] 邢成国, 许建宁, 李宝. 煤矿井下重介浅槽排矸系统设计与应用[J]. 选煤技术, 2011(5):51-54.

[106] 梁和平. 充填开采与井下原煤分选一体化技术[J]. 煤炭科学技术, 2013, 41(8):35-37.

[107] 康红普, 王金华, 林健. 煤矿巷道锚杆支护应用实例分析[J]. 岩石力学与工程学报, 2010, 29(4):649-664.

[108] 崔树江, 宋卫军. 大断面硐室围岩变形机理及控制技术研究[M]. 徐州:中国矿业大学

出版社,2015.

[109] 谭云亮,范德源,刘学生,等.煤矿超大断面硐室判别方法及其工程特征[J].采矿与安全工程学报,2020,37(1):23-31.

[110] 陈彬,张向阳.矩形断面巷道合理宽高比的探讨[J].煤矿安全,2017,48(8):219-222.

[111] 李明,茅献彪,茅蓉蓉,等.基于尖点突变模型的巷道围岩屈曲失稳规律研究[J].采矿与安全工程学报,2014,31(3):379-384.

[112] 翁磊,李夕兵,周子龙,等.屈曲型岩爆的发生机制及其时效性研究[J].采矿与安全工程学报,2016,33(1):172-178.

[113] 谷拴成,胡晓开.深部锚拉支架支护巷道顶板稳定性分析[J].矿业研究与开发,2020,40(1):81-85.

[114] 袁永,袁超峰,朱成,等.深部大断面硐室围岩变形柱体力学模型及其应用研究[J].采矿与安全工程学报,2020,37(2):338-348.

[115] 严圣平.材料力学[M].北京:科学出版社,2012.

[116] 钱鸣高,石平五,许家林.矿山压力与岩层控制[M].2版.徐州:中国矿业大学出版社,2010.

[117] ZHU D F,TU S H,TU H S,et al. Mechanisms of support failure and prevention measures under double-layer room mining gobs:a case study:Shigetai coal mine[J]. International journal of mining science and technology,2019,29(6):955-962.

[118] YUAN Y,ZHU C,WEI H M,et al. Study on rib spalling control of shortwall drilling mining technology with a large mining height[J]. Arabian journal of geosciences,2021,14(3):164.

[119] 黄庆享,刘建浩.浅埋大采高工作面煤壁片帮的柱条模型分析[J].采矿与安全工程学报,2015,32(2):187-191.

[120] 杨仁树,朱晔,李永亮,等.层状岩体中巷道底板应力分布规律及损伤破坏特征[J].中国矿业大学学报,2020,49(4):615-626.

[121] 左建平,文金浩,胡顺银,等.深部煤矿巷道等强梁支护理论模型及模拟研究[J].煤炭学报,2018,43(增刊1):1-11.

[122] 郭晓菲,郭林峰,马念杰,等.巷道围岩蝶形破坏理论的适用性分析[J].中国矿业大学学报,2020,49(4):646-653.

[123] 孟庆彬,钱唯,韩立军,等.极软弱地层双层锚固平衡拱结构形成机制研究[J].采矿与安全工程学报,2019,36(4):650-659.

[124] 马德鹏,杨永杰,曹吉胜,等.基于能量释放的深井巷道断面形状优化[J].中南大学学报(自然科学版),2015,46(9):3354-3360.

[125] 李桂臣,张农,王成,等.高地应力巷道断面形状优化数值模拟研究[J].中国矿业大学学报,2010,39(5):652-658.

[126] YUAN Y,CHEN Z S,YUAN C F,et al. Numerical simulation analysis of the permeability enhancement and pressure relief of auger mining[J]. Natural resources research,2020,29(2):931-948.

[127] 周家文,徐卫亚,李明卫,等.岩石应变软化模型在深埋隧洞数值分析中的应用[J].岩

石力学与工程学报,2009,28(6):1116-1127.

[128] SONG S L,LIU X S,TAN Y L,et al. Simulation study on deformation and fracture law of surrounding rock of deep chamber by section size[J]. Geotechnical and geological engineering,2019,37(6):4911-4918.

[129] 孙玉福.水平应力对巷道围岩稳定性的影响[J].煤炭学报,2010,35(6):891-895.

[130] 康红普,伊丙鼎,高富强,等.中国煤矿井下地应力数据库及地应力分布规律[J].煤炭学报,2019,44(1):23-33.

[131] 王渭明,吕显州,秦文露.半煤岩巷道快速综掘截割顺序优化研究[J].采矿与安全工程学报,2015,32(5):771-777.

[132] 崔广心.相似理论与模型试验[M].徐州:中国矿业大学出版社,1990.

[133] 朱栋.基于多源信息的深部巷道围岩锚固结构变形破坏全过程试验研究[D].徐州:中国矿业大学,2019.

[134] 蔡美峰.岩石力学与工程[M].北京:科学出版社,2002.

[135] 姜鹏飞,康红普,王志根,等.千米深井软岩大巷围岩锚架充协同控制原理、技术及应用[J].煤炭学报,2020,45(3):1020-1035.

[136] 张迎贵,涂敏.软弱夹层层位对巷道围岩稳定性的影响[J].煤矿安全,2014,45(5):216-218.

[137] 屠世浩.岩层控制的实验方法与实测技术[M].徐州:中国矿业大学出版社,2010.

[138] GALE W J,BLACKWOOD R L. Stress distributions and rock failure around coal mine roadways[J]. International journal of rock mechanics and mining sciences & geomechanics abstracts,1987,24(3):165-173.

[139] 陈登红,华心祝.多因素影响下深部回采巷道围岩变形规律与控制对策研究[J].采矿与安全工程学报,2017,34(4):760-768.

[140] 赵维生,韩立军,张益东,等.主应力对深部软岩巷道围岩稳定性影响规律研究[J].采矿与安全工程学报,2015,32(3):504-510.

[141] 谢广祥,李传明,王磊.巷道围岩应力壳力学特征与工程实践[J].煤炭学报,2016,41(12):2986-2992.

[142] XIE G X,CHANG J C,YANG K. Investigations into stress shell characteristics of surrounding rock in fully mechanized top-coal caving face[J]. International journal of rock mechanics and mining sciences,2009,46(1):172-181.

[143] 陈登红,华心祝.地应力对深部回采巷道布置方向的影响分析[J].地下空间与工程学报,2018,14(4):1122-1129.

[144] LI G F,HE M C,ZHANG G,et al. Deformation mechanism and excavation process of large span intersection within deep soft rock roadway[J]. Mining science and technology(China),2010,20(1):28-34.

[145] 娄德安,丁勇.井下煤矸分选技术发展与应用[J].水力采煤与管道运输,2019(4):1-3,6.

[146] 邱士利,冯夏庭,张传庆,等.深埋硬岩隧洞岩爆倾向性指标 RVI 的建立及验证[J].岩石力学与工程学报,2011,30(6):1126-1141.

[147] 翟所业,张开智.煤柱中部弹性区的临界宽度[J].矿山压力与顶板管理,2003(4):14-16.

[148] CHANG J C,XIE G X. Research on space-time coupling action laws of anchor-cable strengthening supporting for rock roadway in deep coal mine[J]. Journal of coal science and engineering(China),2012,18(2):113-117.

[149] GU S T,JIANG B Y,WANG G S,et al. Occurrence mechanism of roof-fall accidents in large-section coal seam roadways and related support design for Bayangaole coal mine,China[J]. Advances in civil engineering,2018(6):1-17.

[150] CHEN S M,WU A X,WANG Y M,et al. Study on repair control technology of soft surrounding rock roadway and its application[J]. Engineering failure analysis,2018,92:443-455.

[151] MENG Q B,HAN L J,QIAO W G,et al. Support technology for mine roadways in extreme weakly cemented strata and its application[J]. International journal of mining science and technology,2014,24(2):157-164.

[152] TAI Y,XIA H C,KUANG T J. Failure characteristics and control technology for large-section chamber in compound coal seams:a case study in Tashan coal mine[J]. Energy science & engineering,2020,8(4):1353-1369.

[153] ZHANG S,ZHANG D S,WANG H Z,et al. Discrete element simulation of the control technology of large section roadway along a fault to drivage under strong mining[J]. Journal of geophysics and engineering,2018,15(6):2642-2657.

[154] ZHANG J P,LIU L M,CAO J Z,et al. Mechanism and application of concrete-filled steel tubular support in deep and high stress roadway[J]. Construction and building materials,2018,186:233-246.

[155] 彭瑞,孟祥瑞,赵光明,等.深井圆巷次生承载结构"时-空"一体化演化规律研究[J].采矿与安全工程学报,2016,33(5):779-786.

[156] 高明仕,闫高峰,杨青松,等.深度破坏软岩巷道修复的锚架组合承载壳原理及实践[J].采矿与安全工程学报,2011,28(3):365-369.

[157] XIE S R,PAN H,ZENG J C,et al. A case study on control technology of surrounding rock of a large section chamber under a 1200-m deep goaf in Xingdong coal mine,China[J]. Engineering failure analysis,2019,104:112-125.

[158] HAO Y,WU Y,CHEN Y L,et al. An innovative equivalent width supporting technology for sustaining large-cross section roadway in thick coal seam[J]. Arabian journal of geosciences,2019,12(22):688.

[159] TAI Y,XIA H C,MENG X B,et al. Failure mechanism of the large-section roadway under mined zones in the ultra-thick coal seam and its control technology[J]. Energy science & engineering,2020,8(4):999-1014.

[160] BAI Q S,TU S H,WANG F T,et al. Field and numerical investigations of gateroad system failure induced by hard roofs in a longwall top coal caving face[J]. International journal of coal geology,2017,173:176-199.

[161] ZHANG C,ZHANG L,WANG W. The axial and radial permeability testing of coal under cyclic loading and unloading[J]. Arabian journal of geosciences,2019,12(11):1-19.

[162] 常聚才,谢广祥.深部巷道锚网索支护参数关键因素分析[J].煤炭科学技术,2014,42(3):1-3.

[163] 李宁,朱才辉,姚显春,等.一种浅埋松散围岩稳定性离散化有限元分析方法探讨[J].岩石力学与工程学报,2009,28(增2):3533-3542.

[164] ZHU C, YUAN Y, CHEN Z S, et al. Study of the stability control of the rock surrounding double-key strata recovery roadways in shallow seams[J]. Advances in civil engineering,2019(8):1-21.

[165] ZHU C, YUAN Y, CHEN Z S, et al. Study of the stability control of rock surrounding longwall recovery roadways in shallow seams[J]. Shock and vibration,2020(8):1-22.

[166] 郑朋强,陈卫忠,谭贤君,等.软岩大变形巷道底臌破坏机制与支护技术研究[J].岩石力学与工程学报,2015,34(增1):3143-3150.

[167] HUANG Y L, LI J M, SONG T Q,et al. Analysis on filling ratio and shield supporting pressure for overburden movement control in coal mining with compacted backfilling[J]. Energies,2016,10(1):31.

[168] 周跃进,陈勇,张吉雄,等.充填开采充实率控制原理及技术研究[J].采矿与安全工程学报,2012,29(3):351-356.

[169] 张强,张吉雄,巨峰,等.固体充填采煤充实率设计与控制理论研究[J].煤炭学报,2014,39(1):64-71.

[170] 苗凯军,屠世浩,刘迅,等.深部厚硬顶板下充填面留巷大变形分析及控制[J].煤炭学报,2021,46(4):1232-1241.

[171] 王盛川.采动动载诱导围岩变形破坏的模拟试验研究[D].徐州:中国矿业大学,2017.

[172] 赵环帅.高频振动筛的发展现状及今后重点研究方向[J].选煤技术,2019(2):1-7.

[173] MENG Q B,ZHANG M W,HAN L J,et al. Effects of acoustic emission and energy evolution of rock specimens under the uniaxial cyclic loading and unloading compression[J]. Rock mechanics and rock engineering,2016,49(10):1-14.

[174] COOK N G W. A note on rockbursts considered as a problem of stability[J]. Journal of the Southern African Institute of Mining and Metallurgy,1965,65(8):437-446.

[175] COOK N, HOEK E, PRETORIUS J, et al. Rock mechanics applied to study of rockbursts[J]. Journal of the Southern African Institute of Mining and Metallurgy,1966,66(10):435-528.

[176] 佩图霍夫.冲击地压和突出的力学计算方法[M].段克信,译.北京:煤炭工业出版社,1994.

[177] BIENIAWSKI Z T,DENKHAUS H G,VOGLER U W. Failure of fractured rock[J]. International journal of rock mechanics and mining sciences & geomechanics abstracts,1969,6(3):323-341.

[178] 章梦涛.冲击地压失稳理论与数值模拟计算[J].岩石力学与工程学报,1987,6(3):197-204.

[179] 齐庆新,刘天泉,史元伟.冲击地压的摩擦滑动失稳机理[J].矿山压力与顶板管理,1995(3/4):174-177.

[180] 窦林名,陆菜平,牟宗龙,等.冲击矿压的强度弱化减冲理论及其应用[J].煤炭学报,2005,30(6):690-694.

[181] HE H,DOU L M,LI X W,et al. Active velocity tomography for assessing rock burst hazards in a kilometer deep mine[J]. Mining science and technology(China),2011,21(5):673-676.

[182] DIEDERICHS M S. Early assessment of dynamic rupture hazard for rockburst risk management in deep tunnel projects[J]. Journal of the Southern African Institute of Mining and Metallurgy,2018,118(3):193-204.

[183] LI D,ZHANG J F,SUN Y T,et al. Evaluation of rockburst hazard in deep coalmines with large protective island coal pillars[J]. Natural resources research,2021,30(2):1835-1847.

[184] 刘炯天.关于我国煤炭能源低碳发展的思考[J].中国矿业大学学报(社会科学版),2011,13(1):5-12.

[185] 刘建功,李新旺,何团.我国煤矿充填开采应用现状与发展[J].煤炭学报,2020,45(1):141-150.

[186] 王沉.薄煤层自动化长壁综采关键技术及决策支持系统研究[D].徐州:中国矿业大学,2016.

[187] BASAK I,SAATY T. Group decision making using the analytic hierarchy process[J]. Mathematical and computer modelling,1993,17(4/5):101-109.

[188] SAATY T. Decision making with the analytic hierarchy process[J]. International journal of services sciences,2008,1(1):83-98.

[189] WANG C,TU S H,CHEN M,et al. Optimal selection of a longwall mining method for a thin coal seam working face[J]. Arabian journal for science and engineering,2016,41(9):3771-3781.

[190] 洪志国,李焱,范植华,等.层次分析法中高阶平均随机一致性指标(RI)的计算[J].计算机工程与应用,2002(12):45-47,150.

[191] 许家林,轩大洋,朱卫兵,等.部分充填采煤技术的研究与实践[J].煤炭学报,2015,40(6):1303-1312.

[192] 胡炳南.我国煤矿充填开采技术及其发展趋势[J].煤炭科学技术,2012,40(11):1-5.

[193] 张强,张吉雄,吴晓刚,等.固体充填采煤液压支架合理夯实离顶距研究[J].煤炭学报,2013,38(8):1325-1330.

[194] 胡炳南,张华兴,申宝宏.建筑物、水体、铁路及主要井巷煤柱留设与压煤开采指南[M].北京:煤炭工业出版社,2017.

[195] 张建国.深部高瓦斯低渗透性煤层协同开采关键技术研究[J].煤炭科学技术,2020,48(9):66-74.

［196］李猛,张吉雄,邓雪杰,等.含水层下固体充填保水开采方法与应用［J］.煤炭学报,
2017,42(1):127-133.

［197］张吉雄,李猛,邓雪杰,等.含水层下矸石充填提高开采上限方法与应用［J］.采矿与安
全工程学报,2014,31(2):220-225.

［198］杜计平,孟宪锐.采矿学［M］.3版.徐州:中国矿业大学出版社,2019.

［199］陈海波,李伟,康健,等.结构复杂厚煤层工作面年产 200 万 t 综放工艺研究［J］.煤炭
学报,2009,34(2):159-162.